Raumwellen-Theorie

RAUMWELLEN THEORIE

„Das Licht hat keine Geschwindigkeit, Herr Einstein, die konstant sein könnte… Der Apfel fällt nicht aufgrund der Gravitation, Herr Newton, weil Masse Masse nicht anzieht…“

Bibliografische Information der Deutschen Nationalbibliothek
Die Deutsche Nationalbibliothek verzeichnet diese Publikation in der Deutschen Nationalbibliografie; detaillierte bibliografische Daten sind im Internet über http://dnb.d-nb.de abrufbar.
1. Aufl. - Göttingen : Cuvillier, 2012

978-3-95404-248-7

Nonnenstieg 8, 37075 Göttingen
Telefon: 0551-54724-0
Telefax: 0551-54724-21
www.cuvillier.de

1. Auflage, 2012
Gedruckt auf säurefreiem Papier

978-3-95404-248-7

Dieses Buch widme ich meiner geliebten Frau Ezgi Pehlivan,
meinen lieben Kindern Berke und Ela Pehlivan und meinen Eltern.

Cüneyt Pehlivan

§1 Physikalische Größen

1. Ortsänderung	Δx
2. Zeit	t
3. Geschwindigkeit	v
4. Beschleunigung	a
5. Radius/Entfernung	r
6. Volumen	V
7. Masse	m
8. Kraft	F
9. Energie	e
10. Lichtgeschwindigkeit	c
11. Π	3,14

§2 Neu eingeführte physikalische Größen und benutzte Abkürzungen

1. Masse, die auf der Sonne pro Sekunde in Energie umgewandelt wird:

$M_u = 4343555168$ kg

2. Anzahl der Raumteilchen pro Masse:

1m = c^2 Raumteilchen = $9 \cdot 10^{10}$ Raumteilchen (= R.T.´n)

3. Raumteilchenzahl am jeweiligen Raumpunkt: n

4. Der Drei-Dimensionale Raum : Materieller Raum : MR. : R^3

5. Leere: L

6. Spezielle Raumteilchenanzahl: $n(M_u)$

RAUMWELLEN-THEORIE

Im Folgenden geht es um die Abhandlung grundlegender Gesetze der Physik und der kritischen Auseinandersetzungen mit diesen. Dabei werden neue Zusammenhänge und Erkenntnisse dargestellt. Ich behaupte unter anderem, dass Raum und Materie unterschiedliche physikalische Erscheinungsformen derselben Substanz sind und dass „c“ (= Lichtgeschwindigkeit pro Sekunde, 300000 km/s) eine relative physikalische Größe ist.

I Zur Physik

Die Aufgabe der Physik umfasst die Beschreibung der Materie und des Zusammenwirkens ihrer unterschiedlichen Formen untereinander, nicht mehr und nicht weniger.

Also beschränkt sich die Physik auf die Materie und endet genau da, wo keine Materie mehr ist. Ab diesem Punkt, jenseits der Grenze von Materie und Nicht-Materie, ist die Beschreibung des materiefreien Bereiches nur noch nicht-physikalisch erklär- und beschreibbar und fällt anderen, u.a. philosophischen und spirituellen Wissenschaften zu, in denen die physikalischen Begriffe keinen Sinn mehr haben, da dort nichts Physikalisches (keine Materie!) mehr existiert. Insofern sind Fragen bezüglich der Entstehung des Weltraums nur bis zu einem bestimmten Punkt (z.B. dem Urknall) physikalisch beantwort- und erklärbar. Die Ortung dieser Grenze ist eine der grundlegenden Erkenntnisse der Raumwellen-Theorie.

Vorausgeschickt aber einige Anmerkungen zu der Arbeitstechnik des heutigen Physikers, der sich bei der Beschreibung von Naturvorgängen, also der Materie, verschiedener Gleichungen mit vielen Variablen bedient. Für die Bestimmung einer unbekannten Größe wird dann die Kenntnis vieler anderer Größen vorausgesetzt. In Anbetracht der unendlichen Vielfalt der Natur benötigt er daher zur Beschreibung der Natur unendlich viele Gleichungen mit unendlich vielen Variablen, die alle lediglich dabei helfen sollen, die Natur (die Materie) zu beschreiben. Lässt man aber untergeordnete Zusammenhänge und unterschiedliche Formen der Materie bzw. deren Vorkommen und Zusammenwirken in der Natur weg, so reduziert sich die Aufgabe aller heute bekannten Gleichungen, die die Physik (als die philosophische und mathematische Beschreibung der Natur) zur Naturbeschreibung heranzieht, primär darauf, den Zusammenhang zwischen Materie und Raum zu beschreiben, den originären Zusammenhang, also das Zusammenwirken zwischen Raum und Masse mit etwa einer einzigen Gleichung festzustellen. Alle anderen Zusammenhänge sind somit zweiter, dritter usw. Ordnung und folglich allein aus dem originären Zusammenhang ableitbar.

Wenn, wovon auszugehen ist, die Annahme richtig ist, dass der Ursprung aller materiellen Gegebenheiten (z.B. Gravitation, Elektrizität u.s.w.) die Materie selbst ist, bleibt uns außer dieser nur noch der Raum, um diesen originären Zusammenhang zu beschreiben, also zwei originäre Größen zur Beschreibung desselben. Wenn wir in der Lage sind, genau diesen Zusammenhang konkret zu beschreiben, könnten wir somit alle anderen, untergeordneten Zusammenhänge allein aus diesem ableiten, d.h. lediglich aus dem Zusammenspiel und Zusammenwirken von **RAUM** und **MASSE**.

Führt man diesen Gedankengang weiter, so ergibt sich die Folgerung, dass es nicht sein kann, dass unterschiedliche Materieformen mit ihren unterschiedlichen physikalischen Zusammenwirken anderen Naturgesetzen unterworfen sind, als allein ihrem Ursprung bzw. ihrer Urform.

Genau aus denselben Gründen ist es ebenfalls nicht nachvollziehbar, aus dem Zusammenwirken von Raum und Masse etliche (elektrische, magnetische, Gravitationskräfte usw.) Beziehungen zu formulieren und mit nicht im Zusammenhang stehenden in sich geschlossenen Systemen zu erklären. All diese Kräfte gehen aus dem Zusammenwirken von Raum und Masse hervor, d.h. all diese Kräfte und jede andere uns bekannte bzw. uns noch nicht bekannte physikalische Beziehung muss allein über den Zusammenhang von Raum und Masse erklärbar sein, da sie alle gleicher Natur sind und somit dieselbe Triebkraft als Ursache haben.

II Bewegung/Konstanten

1 Was ist die Bewegung?

a Herkömmliche Definition

Nach der herkömmlichen Definition (x = v • t) ist die Bewegung Geschwindigkeit mal Zeit, also eine Geschwindigkeit und zeitabhängige Ortsänderung. Die Zeit „t" ist im Grunde ein Bezugssystem, in dem eine sich periodisch wiederholende Bewegung stattfindet. Diese Bewegung wird als Referenzbewegung genommen und mit der als Geschwindigkeit bezeichneten Größe „v" verglichen. Dieser Vergleich gibt dann an, in welchem arithmetischen Zusammenhang beide Bewegungen miteinander stehen. Das Ergebnis dieser Gegenüberstellung ist ein mathematisches Verhältnis, und dieses Verhältnis nennt man die Geschwindigkeit des jeweiligen Objekts relativ zu der Referenzbewegung „t“. Was ist aber nun die Geschwindigkeit? Die Geschwindigkeit ist nach der oben erläuterten Definition ebenfalls eine Ortsänderung, eine Ortsänderung Pro der Referenzbewegung „t“. Somit wird die Bewegung als eine Ortsänderung „Δx“ über zwei andere Ortsänderungen definiert, „t und v“. Daher ist diese Definition der Ortsänderung eine Art der Gegenüberstellung mehrerer Ortsänderungen und keine tiefgreifende Beschreibung oder Definition der Bewegung. Die Gleichung $\Delta x = v \cdot t$ als eine physikalische Beschreibung sagt daher nichts über die Natur, die Ursache der Bewegung, sondern vergleicht unterschiedliche Ortsänderungen und dient somit im konkret untersuchten Fall lediglich dazu, spezielle Verhältnisse dieser Größen untereinander zu bestimmen.

In Betracht kommt weiter eine Gleichung aus der klassischen Physik: „$F = m \cdot a$“. Diese Gleichung sagt, dass eine mögliche Ursache der Bewegung die „F = Kraft“ sein kann. Was ist aber Kraft? Nach der klassischen Definition ist Kraft Masse mal Beschleunigung, also

m • a. Masse ist eine uns bekannte und greifbare Größe, aber was ist Beschleunigung?

Im Rahmen der herkömmlichen Definition ist unter Beschleunigung a „Kraft/Masse“, also

$$\mathbf{a = (m \cdot a)/m = a,}$$

zu verstehen.

Also bleibt „a“ immer noch als eine uns unbekannte Größe stehen. Somit ist „a“ auch nach dieser mathematischen Gleichung nicht materiell definierbar, wird uns also eine andere Gleichung weiterhelfen müssen, um die Ortsänderung, also Bewegung, tiefergehend zu verstehen und zu begreifen.

In der klassischen Physik wird Beschleunigung darüber hinaus als eine zeitabhängige Geschwindigkeitsänderung definiert, also wieder durch Vergleich mehrerer Ortsänderungen:

$$\mathbf{a = (v_2 - v_1)/(t_2 - t_1) = \Delta v/\Delta t,}$$

die an sich gesehen ebenfalls eine Gegenüberstellung zweier unterschiedlicher Ortsänderungen (Geschwindigkeit und Zeit) darstellen.

Also ist nach dieser Definition „a“ das Verhältnis zweier Ortsänderungen, somit eine Größen- bzw. Mengenbestimmung, die dazu dient zu bestimmen, welches Vielfache die zu untersuchende Bewegung der Referenzbewegung darstellt, womit auch dieser Ansatz die Natur der Ortsänderung, also was nun eine Ortsänderung tatsächlich sein soll, nicht erkennt und physikalisch erklärt.

Alle diese Gleichungen bringen im Grunde die Aussage zum Ausdruck, dass „t, v, a“ als physikalische Größen nicht imstande sind, die gesuchte Antwort auf die Frage, was die Bewegung ist, geben können, da sie ja selber Ortsänderungen, also andere Formen der Bewegung darstellen. Die Bewegung bzw. die dahinterstehende Triebkraft kann daher nicht über andere Bewegungen erklärt werden.

Als Fazit lässt sich ziehen, dass all diesen oben genannten Größen „v, t, a“ ein bewegungsbedingtes und abhängiges Fundament, also die Ortsänderung, zugrunde gelegt wird, ohne dabei eigentlich zu erklären, was nun aber die Bewegung bzw. die Ortsänderung bedeuten soll.

b Meine Ansicht

Aus den oben genannten Gründen müssen „ x, v, t, a“ neu, also materiell definiert werden. Mit der materiellen Definition meine ich, dass die Beschreibung und physikalische Definition der Bewegung (und jede andere Definition einer physikalischen Größe) unmittelbar aus der Materie, Masse abgeleitet werden muss. Bewegung ist der Ursprung aller Bewegungsgleichungen. Somit sind „x, v, t, a“ abgeleitete Größen, die ihren Ursprung in der Bewegung, also in der Ortsänderung haben müssen. Also ist es zwingend erforderlich, zunächst die Bewegung, ihre Ursache und ihre materielle Beschreibung sowohl begrifflich als auch mathematisch zu erfassen. Dabei ist stets dem Grundsatz zu folgen, dass alle Gleichungen ihren Ursprung in ***der Materie*** selbst haben müssen. Eine Definition, die keinen unmittelbaren Zusammenhang mit der ursprünglichen Form (Materie) wiedergibt, ist eine naturfremde Definition der natürlichen Vorgänge. Alle Konstanten als theoretische Zuhilfenahmen, die nicht natürlich, also materiell erklärbar sind, um die Natur möglichst genau im Sinne einer Modellvorstellung zu beschreiben, sind schlicht falsch. Erst dann, wenn wir in der Lage sind, gerade diese Zuhilfenahme zu beschreiben, wird es uns möglich, die Natur exakt und naturgetreu zu verstehen. Ansonsten wäre es immer möglich, unter Zuhilfenahme von Konstanten (je nach Bedarf eine oder mehrere...) alle physikalischen Vorgänge auf eine „künstliche Art“ zu beschreiben.

Kommt in einer Gleichung eine (oder mehrere...) Konstante vor, die nicht in natürlicher Art definiert ist, so ist diese Gleichung eine künstliche, der Natur fremde und mit der Realität der Dinge nicht übereinstimmende Beschreibung.

Ich bin daher der Ansicht, dass der Einsatz von Konstanten lediglich dazu dienen kann, ein nicht erklärbares Natur-Ereignis durch künstliche Korrekturen doch irgendwie unserer Vorstellung anzupassen. Das hatte auch der große Physiker Albert Einstein versucht, doch dann Jahre später diese Vorgehensweise als eine große Dummheit bezeichnet (im Zusammenhang mit dem von Albert Einstein zunächst nicht akzeptierten Phänomen, dass der Weltraum expandiert).

Daraus folgt, dass eine Gleichung, die eine Konstante enthält, gerade wegen des Vorhandenseins dieser Konstante ein Widerspruch mit der Natur selbst ist, ein Beweis, dass sie nicht in der Lage ist, den konkreten Sachverhalt vollständig und richtig zu erfassen. Die Heranziehung von Konstanten ohne eine materielle Definition ist daher für eine Wissenschaft, die das Bestreben hat, die Natur widerspruchsfrei zu beschreiben, ein nicht erlaubtes Hilfsmittel.

Meine Behauptung ist: „Die Bewegung als eine Ortsänderung ist die Folge einer Zunahme an Volumen des Raumes.“

Was der Raum ist und in welchem Zusammenhang er mit der Materie steht, ist die Grundthematik der folgenden Untersuchung, also der RAUMWELLEN-THEORIE.

III Raumwellen-Theorie (R.W.T.)

„Das Licht hat keine Geschwindigkeit, Herr Einstein, die konstant sein könnte...“

„Der Apfel fällt nicht aufgrund der Gravitation, Herr Newton, weil Masse Masse nicht anzieht...“

1 Raum

Aus den oben genannten Gründen gelangt man zu der Feststellung, dass es ein physikalisches Gesetz geben muss, dass überall, in jeder Situation, unter jeder Bedingung seine Gültigkeit bewahrt, und aus dem alle anderen physikalischen Gesetzmäßigkeiten unmittelbar ableitbar sind.

Alle anderen festgestellten Zusammenhänge wären in diesem Sinne lokale, also relative Gesetze, untergeordnete Gleichungen, die von Situation zu Situation ihre Gültigkeit jedes Mal vom Neuen zur Überprüfung stellen müssen. Diese untergeordneten Gleichungen würden keinen Überblick über den wirklichen Zusammenhang geben können, sondern könnten lediglich als Indizien in Bezug auf einen größeren Zusammenhang herangezogen werden. Ein angebliches Gesetz, ein physikalisches Gesetz, das nur hier auf der Erde gilt, ist daher kein physikalisches Gesetz, wie auch umgekehrt ein Gesetz, das nur makroskopisch, aber nicht mikroskopisch gilt.

Wie könnte, müsste aber dann die Mutter aller physikalischen Gesetze, Gleichungen aussehen, welche Eigenschaften müsste dieses Gesetz bzw. diese Gleichung haben?

In Betracht kommt zunächst die Materie selbst.

Materie hat hier auf der Erde sowie auf einem anderen Planeten im Weltraum stets die gleichen physikalischen Eigenschaften. Also ist die Materie ein echtes, absolutes physikalisches Gesetz. Da dieselbe Materie überall, also sowohl hier auf der Erde als auch irgendwo im Weltraum ein und dasselbe Volumen (Raum) beansprucht, gibt es daher noch ein weiteres, echtes physikalisches Gesetz, den Raum. Wie kann nun die Beziehung zwischen Materie und Raum erklärt werden?

Wenn wir z.B. einen massiven Körper ins Wasser eintauchen lassen, so sehen wir, dass der Körper einen Teil des Wassers von seinem Ort verdrängt, der voluminal dem Volumen des eingetauchten Körpers identisch ist. Stellen wir uns nun vor, dass wir den eingetauchten Körper so schnell von seinem Ort im Wasser entfernen könnten, dass für einen sehr winzigen Augenblick dieser Ort von Wasser und Masse frei wäre, würden wir den Hintergrund sehen können, der uns durch das Wasser bzw. durch den eingetauchten Körper bis dahin versperrt war. Übertragen wir diesen Gedanken auf die Beziehung der Materie mit dem Raum, könnte man parallele Rückschlüsse ziehen.

Was wäre, wenn wir uns in der Lage befänden, uns die Materie für einen einzigen Augenblick als nicht mehr an ihrem Ort im Raum befindlich vorstellen zu können?

Vor Entfernung der Materie

1.BILD

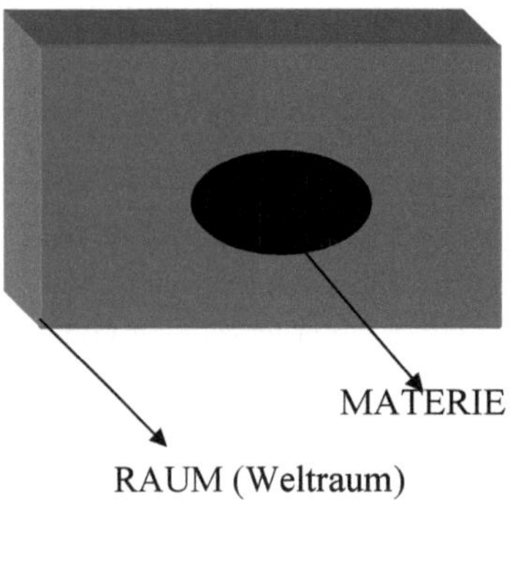

Nach Entfernung der Materie

2.BILD

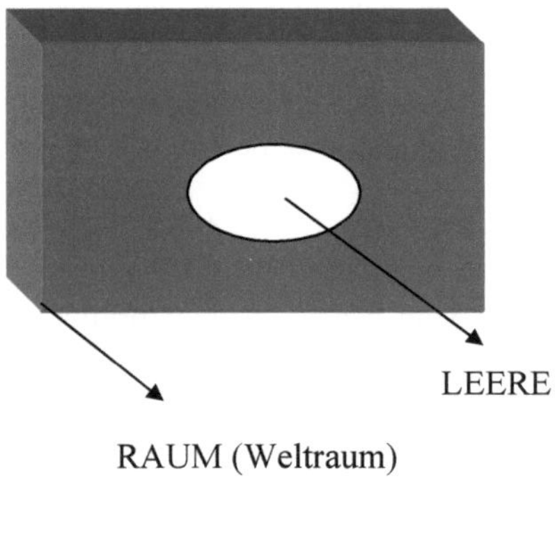

An dieser Stelle wäre ein Raum ohne Materie. Folgerichtig ist daraus zu schließen, dass eben neben dem Raum auch ein weiterer Raum existieren kann, nur mit dem Unterschied, dass dieser Raum materiefrei wäre. Ein Raum ohne Materie wäre leer. Daraus folgt: Ein Raum ohne Materie (=Masse) ist ein „LEERER RAUM". Wie und mit welchen Eigenschaften wäre dieser LEERE RAUM beschreibbar?

Es wäre der absolute Raum (eigentlich kein Raum, da das Vorhandensein von Raum Grenzen voraussetzt, was für die LEERE nicht zutrifft, da diese keine Grenzen hat). Der absolute Raum müsste hell und nicht dunkel sein, da er keine Materie enthalten würde.

Was ist aber dann mit dem Raum, mit dem schwarzen Weltraum, den wir als Raum bezeichnen?

Es ist der „materielle Raum", eine mit den kleinstmöglichen Materieteilchen angefüllte Leere.

2 Entstehung des Raumes

Der materielle Raum entsteht durch Umwandlung von Materie in das Raumkontinuum nach der von Albert Einstein entdeckten Formel:

$$\mathbf{e = mc^2}$$

wobei diese Formel im Folgenden dahingehend modifiziert wird, dass sie in dieser Form benutzt wird:

$$\mathbf{n_{R.T.} = 1m \cdot (9 \cdot 10^{10} Raumteilchen)}$$

Diese Gleichung besagt, dass aus einer umgewandelten Masse „m" genau $9 \cdot 10^{10}$ Raumteilchen „R.T." entstehen. Diese Raumteilchen besiedeln die Leere „L", und somit entsteht ein Raum „R" in der Leere. Raumteilchen sind demnach die Grundelemente, aus denen die uns bekannten dreidimensionalen Räume „R^3" entstehen. „$n_{R.T}$" gibt dabei die Anzahl der Raumteilchen an. „c^2" wird in dieser Gleichung und im Folgenden als eine konstante Größe verwendet, die genau $9 \cdot 10^{10}$ Raumteilchen entspricht, was zunächst mit der Lichtgeschwindigkeit nichts zu tun hat. Diese Raumteilchen, welche von der Sonne als Quelle aus der Masse umgewandelt werden, breiten sich in der Leere dreidimensional und mit einer Geschwindigkeit von 300000 km/s aus (in Form von Raumwellen = „RW.´n") und füllen diese mit den kleinstmöglichen Materieteilchen (= R.T.′n). Somit ist der materielle Raum „M.R.“, den wir als Raum oder Weltraum bezeichnen, entstanden.

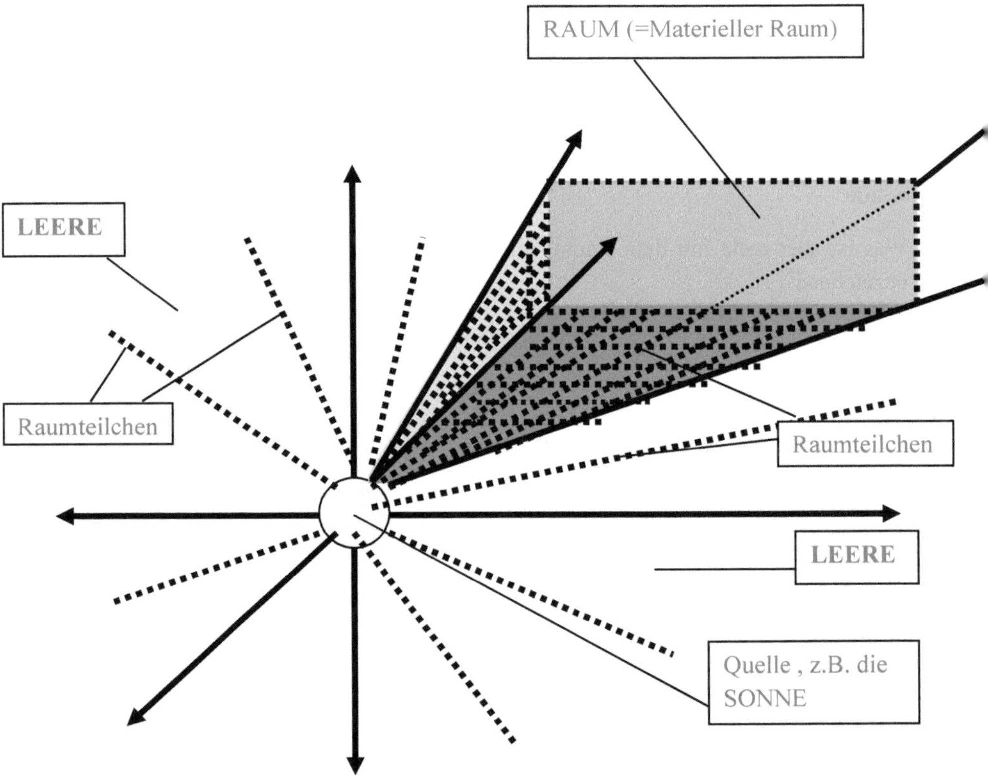

Diese Raumteilchen (= Energie) geben dem Leben seine Form, ob und wie etwas zu geschehen hat. Das Leben verdankt seine Mechanik der Umwandlung der Materie in ihre Urbestandteile, sprich der Erzeugung von Raumteilchen. Das Leben ist also werdender Raum. Die Materie ist die Zukunft, und der Raum die Vergangenheit.

3 Raum und Massen-Beziehung

Eine Raumeinheit besteht demnach genau aus $9 \cdot 10^{10}$ Raumteilchen, so dass $9 \cdot 10^{10}$ Raumteilchen einer umgewandelten Masse äquivalent sind.

$$\rightarrow \textbf{RAUM = MASSE}$$

$$\rightarrow (M_u \cdot c^2)/(r^2 \cdot n \cdot 2 \cdot \Pi) = 1$$

$\mathbf{M_u}$ = 4343555168 kg (= Masse, die auf der Sonne pro Sekunde in Energie bzw. Raumteilchen umgewandelt wird)

$\mathbf{c^2} = 9 \cdot 10^{10}$ Raumteilchen

r = die Entfernung zwischen Quelle und Objekt, z.B. Sonne und Erde, in km

Π = 3,14

Diese Gleichung besagt, dass Masse (bzw. Raumteilchen) dividiert durch Raum gleich sind, also dass Raum und Masse andere Formen derselben Substanz sind, wobei n nach folgender Formel berechnet wird:

$$\mathbf{n = (M_u)/(t^2 \cdot 2 \cdot \Pi)}$$

Dabei gibt **t** die Zeit in Sekunden an, die das Licht (c = 300000 km/s) (!) von der Quelle (z.B. Sonne) bis zum jeweiligen Raumpunkt benötigt. **n** für die Erde ist: $(4343555168)/(498{,}6^2 \cdot 2 \cdot \Pi) = 2780$ R.T.´n

Beispiel 1: SONNE UND ERDE

Auf der Sonne werden pro Sekunde 4343555168 kg Masse in Energie umgewandelt. Nun behaupte ich, dass mit Energie die durch die Umwandlung entstandenen R.T.´n gemeint sind.

→ $e = \boldsymbol{R.T.'n}$, **also Energie = Raumteilchen**

Die Entfernung Sonne-Erde beträgt etwa „$149 \cdot 10^6$ km“. Setzen wir also die Werte in obige Gleichung:

$$\mathbf{(4343555168\ kg \cdot c^2)/((149 \cdot 10^6\ km)^2 \cdot 2780 \cdot 2 \cdot \Pi) = 1}$$

$$\mathbf{(3{,}9 \cdot 10^{20}\ kg\ R.T.'n)/(3{,}9 \cdot 10^{20}\ km^2\ R.T.'n) = 1}$$

→ **RAUM und MASSE ist GLEICH...**

Beispiel 2: SONNE UND MERKUR

n für Merkur = (4343555168 kg)/($193^2 \cdot 2 \cdot \Pi$) = 18559 R.T.´n

$$\mathbf{(4343555168\ kg \cdot c^2)/((57{,}9 \cdot 10^6\ km)^2 \cdot 18559 \cdot 2 \cdot \Pi) = 1}$$

4 Eigenschaften der R.T.´n/die Wärme

Erste wichtige Eigenschaft der R.T.´n ist die, dass eine Wechselwirkung nur untereinander stattfindet. Treffen neu erzeugte Raumteilchen einen Raumbereich, der bereits mit R.T.´n besetzt ist, so kommt es dazu, dass diese neuen R.T.´n bereits vorhandene R.T.´n in ihrer Ausbreitungsrichtung weiterschieben, um für sich einen Platz in der „Leere“ zu schaffen. So kommt es zu einer Krümmung des materiellen Raumes (= M.R.), der ja bereits eine geometrische Anordnung der Masse bzw. der Raumteilchen in der Leere darstellt. Das heißt, R.T.´n als die Bausteine des Raumes (M.R.) wirken auf das Umfeld eines sich im Raum befindlichen Objektes derart ein, dass dessen Umfeld gekrümmt wird, so dass das Objekt gezwungen wird, sich zu bewegen. Somit ist z.B. die Bewegung materieller Objekte (z.B. Planeten), die bis dato auf eine zwischen Materien stattfindende Gravitation zurückgeführt wurden, zutreffenderer Weise auf die R.T.´n bzw. auf die durch diese hervorgerufene Umstrukturierung, also Krümmung und Verstauchung des materiellen Raumes zurückzuführen.

Die hierbei entstehende Wärme ist eine körpereigene Reaktion des betreffenden Körpers, der einer Raumwellen-Einwirkung ausgesetzt ist. Demnach erhält die Erde die Wärme nicht von der Sonne, sondern erzeugt sie selbst als eine Reaktion gegen die von der Sonne erzeugten Raumwellen. Entgegen der allgemeinen Auffassung entsteht somit die Wärme direkt auf der Erde, was auf die Wechselwirkung der Materie und der auf diese Materie einwirkenden Raumwellen zurückzuführen ist. Zwischen dem Atomkern und dem Elektron existiert Raum, und dieser besteht aus Raumteilchen. Wenn nun diese R.T.´n durch die einwirkenden Raumwellen (z.B. die von der Sonne erzeugten) gekrümmt und verstaucht werden, führt dies dazu, dass die Laufbahn der Elektronen um den Atomkern gekrümmt wird.

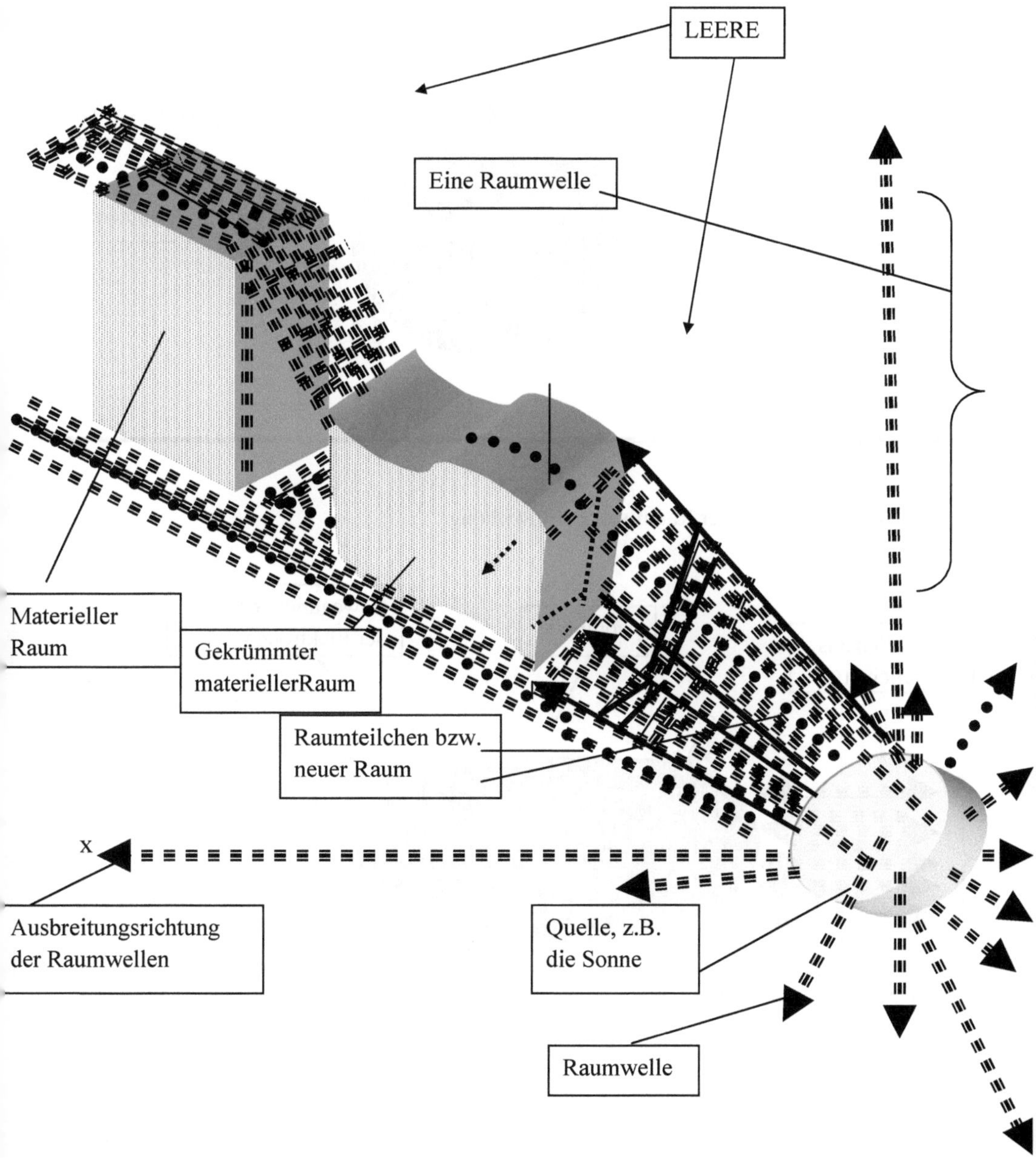
LEERE
Eine Raumwelle
Materieller Raum
Gekrümmter materiellerRaum
Raumteilchen bzw. neuer Raum
x
Ausbreitungsrichtung der Raumwellen
Quelle, z.B. die Sonne
Raumwelle

1. Bild: Atom vor der Raumwellen-Einwirkung

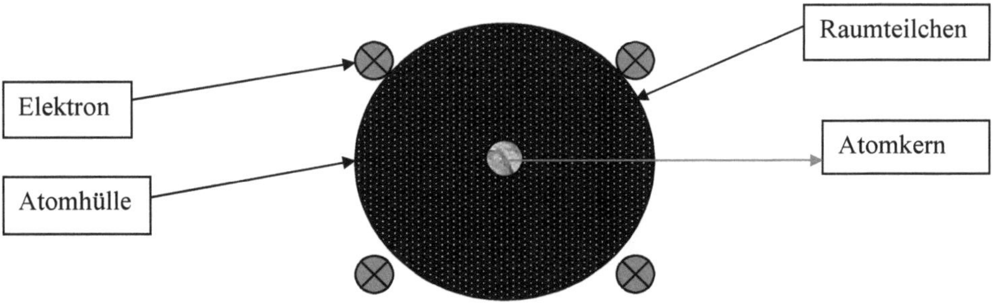

2. Bild: Atom nach der Raumwellen-Einwirkung

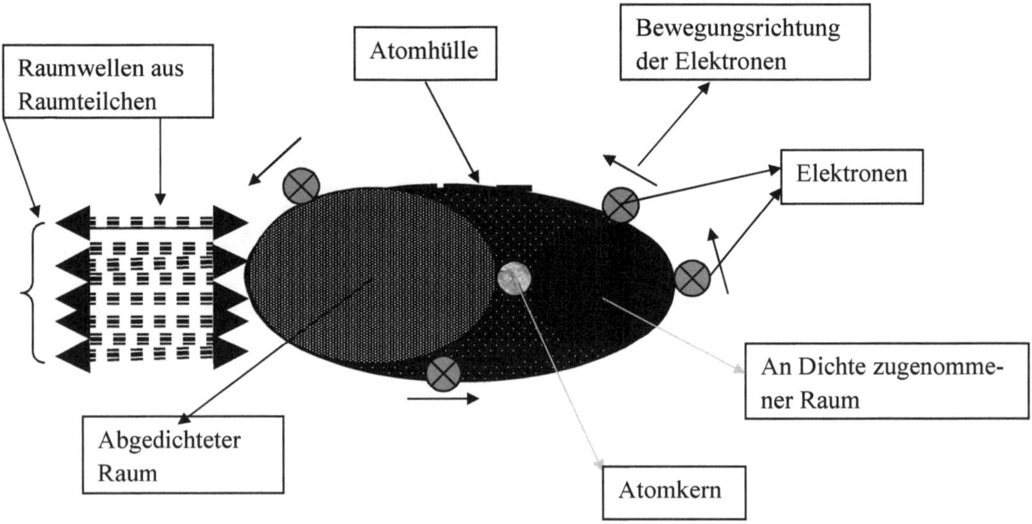

Durch diese Krümmung bzw. Verzerrung bedingt, befindet sich dasselbe Elektron in einer ständigen Beschleunigungsphase, wodurch der Atomkern mehr Raumteilchen produzieren muss, um das in der Atom-Hülle an Dichte abgenommene Raum-Massengleichgewicht wiederherzustellen.

Aufgrund dieser Tatsache befinden sich die Elektronen eines Atoms, die einer R.W.´n-Einwirkung ausgesetzt sind, ständig in einer Beschleunigungs-Phase. Um diesem Umstand gerecht zu werden, verwandeln Atomkerne ebenfalls zum Zwecke der Energiegewinnung (= Produktion von Raumteilchen) Masse in Raumteilchen und erzeugen somit auch Raumwellen. Die Folge ist auf der Erde eine Erwärmung der der Sonne zugewandten Seite aufgrund der einer ständigen Beschleunigung ausgesetzten Elektronen. Also wird, wie gesagt, die Wärme nicht von der Sonne auf die Erde transportiert, sondern, im Gegenteil, sie entsteht erst auf der Erde als Folge der Raumwelleneinwirkung.

5 Raumwellen/Verstauchung-Krümmung

Fassen wir zusammen: Die Raumwellen-Theorie besagt, dass die Leere mit den kleinstmöglichen Teilchen, Materieteilchen, gefüllt wird, die durch Umwandlung von Masse in Raum erzeugt werden. Diese neu erzeugten R.T.´n verursachen bei ihrer Ausbreitung im materiellen Raum Wellen, wodurch dieser gekrümmt und verstaucht wird.

Ferner bewirken die Raumwellen am Ort des betreffenden Objekts, dass dessen Umfeld gekrümmt wird. Folge dieser Krümmung ist die **Bewegung des Objekts**, weil der Raum unter ihm nicht mehr gerade, sondern gekrümmt ist. Dagegen bewirken Raumwellen an dem Objekt selbst, auf das sie während ihrer Ausbreitung treffen, ebenfalls eine Anregung der Materie dieses Objekts bzw. seiner Atome. Dieser Umstand ist darauf zurückzuführen, dass die Raumwellen auch den Raum zwischen Elektron und Atomkern krümmen. Da nun die Geometrie des Atoms verändert ist, wird der Raum, in dem sich das Atom befindet, in Richtung der Umwandlungsquelle verzerrt und somit die Laufbahn des Elektrons gekrümmt. Folge dieses Umstandes ist, dass die Elektronen auf ihrer Bahn um den Atomkern nicht mehr konstante Geschwindigkeiten haben. Da die Umlaufbahn des Elektrons in Richtung der Umwandlungsquelle verzerrt ist, muss das Elektron sich schneller bewegen. Und da die Elektronen sich nun schneller bewegen müssen, erzeugen sie Wärme. Die von einem einer Raumwellen-Einwirkung ausgesetzten Atomkern erzeugten Raumwellen verlaufen jedoch nun in entgegengesetzter Richtung als die Raumwellen, die von der Umwandlungsquelle erzeugt werden.

6 Zusammenhang zwischen Gravitation und Elektrizität

a Die Gravitationskräfte zwischen materiellen Objekten und Gravitationskonstante „γ"

Aus den oben geschilderten Zusammenhängen ergibt sich, dass die planetarische Bewegung ihren Grund und ihre Triebkraft nicht, wie bis jetzt vertreten, in einer angeblichen Gravitationskraft, sondern in der Krümmung und Verstauchung des Raumes durch die Raumteilchen hat. Nun behaupte ich, dass die Gravitationsgleichung

$$F_G = ((M_1 \cdot M_2) \cdot \gamma)/r^2$$

dahingehend modifiziert werden muss, dass für die weder materiell noch tiefsinnig definierte Gravitationskonstante „γ" folgender Zusammenhang gilt:

$$F_G = (M_1 \cdot M_2 \cdot M_u)/(r^4 \cdot n)$$

oder

$$F_G = (M_1 \cdot M_2 \cdot 2 \cdot \pi)/(r^2 \cdot c^2),$$

also gilt für die Gravitationskonstante „γ":

$$\gamma = M_u/(r^2 \cdot n)$$

oder

$$\gamma = (2 \cdot \pi)/c^2,$$

wobei F_G die „angeblich" existierende Gravitationskraft beschreibt, M_1 die Masse des ersten Körpers, M_2 die Masse des zweiten Körpers, und M_u die pro Sekunde auf der Sonne umgewandelte Masse wiedergeben soll. „γ" beschreibt die Gravitationskonstante $6{,}67 \cdot 10^{-11}$ und „r" die Entfernung der Masse 1 und Masse 2, „n" schließlich die Raumteilchenzahl am jeweiligen Raumpunkt.

Beispiel: SONNE-ERDE

Einsetzen der Werte:

$$\mathbf{F_G = (M_1 \cdot M_2) \cdot y/r^2 = (M_1 \cdot M_2 \cdot M_u)/r^4 \cdot n}$$

$$\mathbf{= ((2 \cdot 10^{30}) \cdot (5{,}976 \cdot 10^{24}) \cdot 4343555168)/(5{,}0 \cdot 10^{32}) \cdot (2780) = 3{,}7 \cdot 10^{28}}$$

b Elektrostatische Kraft

Nach der klassischen Definition existiert zwischen zwei Ladungen q_1 und q_2 eine anziehende bzw. abstoßende Kraft, die nach der folgenden Gleichung bestimmt wird:

$$\mathbf{F = (k \cdot (|q_1| \cdot |q_2|))/r^2} \longrightarrow \text{Coulomb´sches Gesetz,}$$

wobei $e = 1,6 \cdot 10^{-19}$ C = Elementarladung ist.

Weiter gilt nach der klassischen Definition für die elektrische Feldstärke:

$$\mathbf{E = F/q_0} \longrightarrow \text{Elektrische Feldstärke}$$

$$\rightarrow \mathbf{E = ((k \cdot (|q_1| \cdot |q_0|))/r^2)\ /q_0 = (k \cdot (|q_1|))/r^2},$$

wobei F = elektrostatische Kraft und q_0 = elektrische Ladung des in das Feld gebrachten Probekörpers und r = Abstand der Ladungen voneinander ist.

Ich behaupte nun, dass mit der Elementarladung folgendes gemeint ist:

$$\mathbf{e = Elementarladung = 1m/(r^2 \cdot L)},$$

wobei r = (die Entfernung der Erde von der Sonne) $149 \cdot 10^6$ km, m = eine Masse und L = (die Leere) 283 ist.

Einsetzen der Werte ergibt nach der Raumwellen-Theorie:

$$\textbf{e = Elementarladung} = 1m/((149 \cdot 10^6)^2 \cdot 283) = 1{,}6 \cdot 10^{-19}$$

Nach der klassischen Definition gilt für die elektrische Feldstärke E einer Ladung $q_1 = 1{,}6 \cdot 10^{-19}$ C bei einer Entfernung von 149600000 km folgendes:

$$E = (k \cdot (1,6 \cdot 10^{-19}))/149600000^2 = \underline{6{,}36 \cdot 10^{-26}}$$

Nach der Raumwellen-Theorie gilt dagegen folgendes:

$$E = c^2/(r^4 \cdot n_e),$$

wobei $c^2 = 9 \cdot 10^{10}$ Raumteilchen, r = (die Entfernung der Erde von der Sonne) $149 \cdot 10^6$ km und n_e = 2780 R.T.´n (= die Raumteilchenanzahl am jeweiligen Raumpunkt) ist. Einsetzen der Werte ergibt:

$$E = (9 \cdot 10^{10})/((149 \cdot 10^6)^4 \cdot 2780\,) = \underline{6{,}5 \cdot 10^{-26}}$$

Weiter gilt nach der klassischen Definition für die elektrostatische anziehende bzw. abstoßende Kraft F zwischen zwei Ladungen q_1 und q_2 bei einer Entfernung von 149600000 km folgendes:

$q_1 = 1,6 \cdot 10^{-19}$, $q_2 = 1,6 \cdot 10^{-19}$, r = (Abstand der Ladungen voneinander) 0,02 m und K = Konstante = $8{,}99 \cdot 10^9$.

Einsetzen der Werte ergibt:

$$((8{,}99 \cdot 10^9) \cdot (1,6 \cdot 10^{-19}) \cdot (1,6 \cdot 10^{-19})/(0{,}02\,)^2 = \underline{5{,}7 \cdot 10^{-25}}$$

Nach der Raumwellen-Theorie gilt:

$$((c^2)/(r^4 \cdot n \cdot L)) \cdot (b/x^2) = (c^2 \cdot b)/(r^4 \cdot n \cdot L \cdot x^2)$$

$$((9 \cdot 10^{10})/(149 \cdot 10^{6})^{4} \cdot 2780 \cdot 283)) \cdot (1/(0{,}02)^{2} = \underline{5{,}8 \cdot 10^{-25}},$$

wobei b = Multiplikation der Anzahl der beteiligten Elementarladungen angibt und r die Entfernung zwischen Sonne und Erde, x die Entfernung zwischen den Ladungen, n = 2780 die Raumteilchenanzahl am jeweiligen Raumpunkt,, L = 283 die Leere ist und $c^2 = 9 \cdot 10^{10}$ die Raumteilchenanzahl pro Masse bezeichnet.

Weiteres Beispiel: alle oben angenommenen Werte sind gleich bis auf die Größen der beteiligten Ladungen q_1 und q_2. q_1 soll wieder $1,6 \cdot 10^{-19}$, aber $q_2 = 3,2 \cdot 10^{-19}$ groß sein.

Nach der klassischen Definition ermittelt man für dieses Beispiel eine elektrostatische Kraft von **$1,15 \cdot 10^{-24}$ C.**

Nach der Raumwellen-Theorie ergibt sich:

$$(9 \cdot 10^{10} \cdot 2)/((149 \cdot 10^{6})^{4} \cdot 2.780 \cdot 283 \cdot 0{,}02^{2})) = \underline{1{,}16 \cdot 10^{-24}},$$

wobei b = 2 durch Multiplikation der beteiligten Elementarladungen ermittelt wird:

$q_1 = 1,6 \cdot 10^{-19}$ ist eine (= 1) Elementarladung e und $q_2 = 3,2 \cdot 10^{-19}$ ist das zweifache (= 2) der Elementarladung e.

$$b = 1 \cdot 2 = 2$$

Dabei gibt „b“ die Anzahl der beteiligten Massen an.

Somit gilt diese Beziehung für alle Ladungen.

C Vergleich der Gravitationskraft mit der elektrostatischen Kraft

Wie wir sehen, liegt den bis jetzt in der Physik unterschiedlich beschriebenen und begründeten Kräften, die zwischen den Teilchen bzw. Objekten stattfinden, nämlich Elektrizität und Gravitation, eigentlich eine und dieselbe Triebkraft zugrunde.

Demnach kann man beide Kräfte so zusammenfassen, dass es möglich ist, sie mit einer Gleichung zu beschreiben.

$$E = (k \cdot (\mid q_1 \mid))/r^2 = ((M_1 \cdot M_2) \cdot \gamma)/r^2 = F_G$$

$$E = c^2/(r4 \cdot n) \qquad \text{ist gleich} \qquad F_G = (M_1 \cdot M_2 \cdot M_u)/(r^4 \cdot n),$$

wobei c^2 gleichbedeutend ist mit einer einzelnen Masse, $c^2 = 1m$.

Demnach könnte man auch die Gravitationsgleichung

$$F_G = b \cdot m/(r^4 \cdot n)$$

beschreiben.

ELEKTRIZITÄT ist gleich GRAVITATION

7 Leere/Licht/Lichtgeschwindigkeit

Leere ist das, was ohne Materie (bzw. R.T.´n) da wäre. Leere ist kein Raum, da sie keine Grenzen aufweist. Die Leere ist hell, da sie keine Materieteilchen enthält. Das, was wir bis jetzt als Licht bezeichnet haben, ist lediglich ein abgedichteter Raumbereich, durch den wir die Leere sehen. Der Raum oder besser der materielle Raum, der aus Raumteilchen besteht, wird verzerrt, wenn an einem bestimmten Raumbereich entgegengesetzte Raumwellen gegeneinander treffen. Da in diesem Raumbereich dann der Raum verzerrt wird, wird es uns möglich zu sehen, was hinter dem uns bekannten Raum wirklich ist, die Leere, die umso heller ist, je mehr der materielle Raum verzerrt wird. Wie stark die Verzerrung und somit die Helligkeit ist, hängt konkret von der Intensität der entgegengesetzt gerichteten aufeinander treffenden Raumwellen ab. Diese Leere wird von den R.T.´n dreidimensional ausgefüllt, wodurch der uns bekannte schwarze Raum entsteht. Also ergibt sich Leere + Materie = Raum (= der materielle Raum)

L^3(Leere) = 283 = $6{,}57^3$, das heißt die Leere wird mit je zu 283 mit Raumteilchen „n“ ausgefüllt.

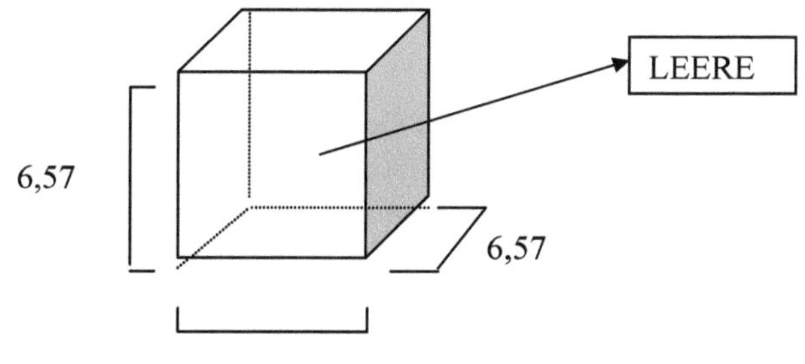

L^3(Leere) = R^3(Raum)/M_u (Masse, die auf der Sonne pro Sekunde in R.T.´n umgewandelt wird) = $(4 \cdot \Pi \cdot c^2)/M_u = 6{,}56^3$

Licht kann daher keine Geschwindigkeit besitzen. Licht ist ein Zustand, in dem der materielle Raum an Dichte abnimmt. Es ist daher kein Wunder, dass seine nicht existierende Geschwindigkeit bzgl. aller Systeme konstant erscheint.

LICHT ist die LEERE

Daraus folgt, dass dort, wo die Dichte des materiellen Raumes abnimmt, die Leere sichtbar wird. Es ist eine konkrete, lokale Zustandsform der Raumteilchen in der Leere und beschreibt die lokale Dichte der R.T.´n am jeweiligen Ort in der Leere. Demnach ist das Licht ein Loch, ein Riss in dem materiellen Raum, durch das wir die Möglichkeit erhalten, in die ewige, grenzenlose Leere zu blicken. Da ein Zustand keine Geschwindigkeit besitzen kann, hat auch das Licht als ein Zustand keine Geschwindigkeit.

8 Zur Geschwindigkeit „v“

Ich definiere die Geschwindigkeit als Raumteilchen pro Zeiteinheit:

$$\mathbf{v = (Raumteilchen\ /Zeit) = n_{R.T.}/t}$$

Demnach lässt sich die Geschwindigkeit eines Objekts um eine Umwandlungsquelle, wie z.B. die Sonne, als die Rate des so neu dazugekommenen Raumes (= M.R.) am jeweiligen Ort definieren. Je mehr R.T.´n, also Raum, materieller Raum, umso größer ist die Ortsänderung (also die Geschwindigkeit des Objekts in diesem Raum), weil zwischen dem früheren und dem neuen Standpunkt des betroffenen Objekts mehr Raumteilchen, also mehr Raum, dazwischen gekommen sind.

9 Bestimmung der Geschwindigkeit „v“ aus der Masse „m“

Im Folgenden wird gezeigt, wie die Geschwindigkeit „v“ eines Objekts um die Umwandlungsquelle (z.B. Erde um die Sonne) aus der umgewandelten Masse „$\mathbf{M_u}$“ bestimmt werden kann. Dabei sind Umwandlungsquelle und das Objekt räumlich voneinander derart getrennt, dass sie sich nicht im körperlichen Kontakt befinden.

Für die Geschwindigkeit aller Objekte um eine Umwandlungsquelle, die die Masse in Raumteilchen (also Raum) umwandelt (z.B. die Sonne), gilt:

$$\mathbf{v = (L \bullet n)^{1/4}}$$

Diese Gleichung besagt, dass die Geschwindigkeit eines Objekts um die Umwandlungsquelle der vierten Wurzel des Produkts der Leere „L“ mit der Raumteilchenanzahl „n“ am jeweiligen Raumpunkt entspricht.

Dazu ist zunächst die Anzahl der Raumteilchen am jeweiligen Ort des Objekts zu bestimmen. Diese wird nach folgender Gleichung bestimmt:

$$\mathbf{n_{R.T.} = (M_u/(t^2 \bullet 2 \bullet \Pi))},$$

wobei „t“ gleich die Zeit ist, die die Raumteilchen benötigen (die sich mit 300000 km/s wellenartig im Raum fortbewegen), um von der Sonne bis zum jeweiligen Raumpunkt zu gelangen, an dem sich das jeweilige Objekt (z.B. ein Planet) befindet.

Beispiel: SONNE-ERDE

$$\mathbf{n_{R.T.} = 4343555168\ kg/(498{,}6^2\ s \bullet 2 \bullet \Pi) = 2780\ R.T.'n}$$

Da der materielle Raum vierdimensional ist und die Leere mit $6{,}67^3$ Einheit gefüllt wird

→ $\mathbf{v = (6{,}67^3 \bullet 2780)^{1/4} = 29{,}79\ km/s^2}$ (Geschwindigkeit der Erdumdrehung um die Sonne)

$$\rightarrow \mathbf{M.R./n_{R.T.} = L}$$

Diese Gleichung besagt, dass materieller Raum dividiert durch die Anzahl der Raumteilchen gleich die Leere ergibt.

Demnach gibt die Geschwindigkeit an, wie dicht der jeweilige Ort mit neuen R.T.´n besiedelt wird. Daraus folgt, dass eine Bewegung im materiellen Raum, der nicht angeregt ist, nicht möglich ist. Eine Anregung (durch Umwandlung von Masse in Raum) und somit Schaffung von neuem Raum ist die Voraussetzung für eine Bewegung. Schließlich ist festzustellen, dass eine Bewegung eines Objekts lediglich die Anpassung des betreffenden Objekts an die neue Raum-Strukturierung seines Umfeldes ist.

10 Beziehung zwischen Zeit „t", Masse „M", Volumen „V", Fallbeschleunigung „g"

Für alle um eine Umwandlungsquelle (z.B. die Sonne), die die Masse in Raumteilchen (also Raum) umwandelt, gelegenen Objekte (z.B. Planeten), gelten folgende Zusammenhänge:

a Massen-Volumenbeziehung

$$(\mathbf{M/V})^{1/3} = (\mathbf{n} \cdot 2 \cdot \Pi),$$

wobei M = Masse des jeweiligen Körpers; V=Volumen des jeweiligen Körpers; n = Anzahl der Raumteilchen an dem Raumpunkt ist, an dem sich das Objekt befindet. Für Π wird ein Wert von 3,14 zugrundegelegt.

Beispiel: SONNE-ERDE

$$((5{,}976 \cdot 10^{24}\,\mathrm{kg})/(1{,}08 \cdot 10^{12}\,\mathrm{km}^3))^{1/3} = (n \cdot 2 \cdot \Pi) = (2780 \cdot 2 \cdot 3{,}14) = 17467$$

Das heißt, Dichte der Erde ist gleich $(\mathbf{n} \cdot 2 \cdot \Pi)^3 = (2780 \cdot 2 \cdot 3{,}14)^3$,

wobei kg = Kilogramm und km = Kilometer.

Diese Beziehung gilt für alle Planeten, hierzu muss nur die variable „n" Anzahl der Raumteilchen am jeweiligen Raumpunkt bestimmt werden, an dem sich der Planet befindet.

b Massen-Volumen-Zeit-Beziehung

$$(M_u)^3/(t^6) = (M_x/V_x) \quad \Longrightarrow \quad (t_x)^6 = (M_u)^3 \cdot V_x)/M_x,$$

wobei „t“ gleich die Zeit ist (in Sekunden), die das Licht (eigentlich die Raumteilchen) von der Sonne bis zum jeweiligen Planet benötigt, „M_u“ die Masse, die pro Sekunde auf der Sonne in Energie (eigentlich in Raumteilchen) umgewandelt wird, „V_x“ das Volumen des jeweiligen Planeten und „M_x“ gleich die Masse des jeweiligen Planeten.

Beispiel: SONNE-ERDE

$$t = (((4343555168)^3 \cdot (1{,}08 \cdot 10^{12}))/(5{,}976 \cdot 10^{24}\text{kg}))^{1/6} = 496\ \text{s}$$

Beispiel: SONNE-MERKUR

Hierbei ist der Umstand zu berücksichtigen, dass Merkur im Vergleich zur Erde räumlich viel näher der Sonne steht. Das heißt, der Raum zwischen Merkur und Sonne ist viel weniger. Da nach der Raumwellen-Theorie Raum gleich Masse ist, ist zunächst zu ermitteln, wieviel Masse der Raum zwischen Sonne und Merkur enthält. Dazu verfährt man wie folgt:

Da ja im Idealfall Raum gleich Masse ist, also $(\mathbf{M_u \cdot c^2}) = (\mathbf{r^2 \cdot n \cdot 2 \cdot \Pi})$, folgt daraus

$$M_u = (r^2 \cdot n \cdot 2 \cdot \Pi)/c^2$$

Einsetzen der Werte für Merkur:

$$M_u = ((57900000^2 \cdot n \cdot 2 \cdot \Pi))/c^2 = 650637787{,}2$$

Daraus folgt für die Zeit „t “, die die Raumteilchen (bis jetzt als Licht bezeichnet) benötigen, um die Entfernung zwischen Sonne und Merkur zurückzulegen:

$$t = (((650637787{,}2)^3 \cdot (6{,}0 \cdot 10^{10}))/(3{,}23 \cdot 10^{23}\ \text{kg}))^{1/6} = 192{,}7\ \text{s}$$

Beispiel: SONNE-JUPITER

Hierbei ist der Umstand zu berücksichtigen, dass Jupiter im Vergleich zur Erde räumlich viel entfernter der Sonne steht. Das heißt, der Raum zwischen Jupiter und Sonne ist viel größer. Wie oben am Beispiel der Erde gezeigt, entsprechen 4343555168 kg auf der Sonne pro Sekunde in Raumteilchen (also Raum) umgewandelte Masse genau einem Raum mit dem Radius 149600000 km. Ab dieser Entfernung ist mehr als eine Umwandlung, also mehr als 4343555168 kg Masse erforderlich. Da nach der Raumwellen-Theorie Raum gleich Masse ist, ist daher zunächst zu ermitteln, wieviel Masse der Raum zwischen Sonne und Jupiter enthält, also wieviel Masse die Sonne in Raum umwandeln muss, um die Leere zwischen Sonne und Jupiter mit Raumteilchen zu füllen. Dazu geht man wie folgt vor:

$$\mathbf{M_{u,j} = ((2 \cdot M_j)^{1/3} \cdot (t_j)^2)/d_j,}$$

wobei $M_{u,j}$ gleich die erforderliche Masse ist, die auf der Sonne umgewandelt werden müsste, M_j gleich die Masse des Jupiters und t_j gleich die erforderliche Zeit, die die Raumteilchen (Raumteilchen breiten sich mit 300000 km/s aus) für die Zurücklegung der Entfernung zwischen der Sonne und Jupiter benötigen, und d_j den Durchmesser des jeweiligen Objekts, hier des Jupiters, angibt.

Einsetzen der Werte ergibt:

$$\mathbf{M_{u,j} = ((2 \cdot (1{,}9 \cdot 10^{27}\ kg))^{1/3} \cdot (2.594\ s)^2)/143600\ km = 7{,}\ 3 \cdot 10^{10}\ kg}$$

$$\mathbf{7{,}\ 3 \cdot 10^{10}\ kg\ dividiert\ durch\ 4343555168\ kg = 16{,}8,}$$

das heißt, es sind genau 16,8 Umwandlungen erforderlich.

Da eine Umwandlung (4343555168 kg) • (9 • 10^{10} T.T.´n) = 3,9 • 10^{20} R.T.´n ergibt, folgt daraus, dass 16,8 Umwandlungen ((16,8) • (3,9 • 10^{20} R.T.´n)) = 6,6 • 10^{21} R.T.´n sind.

Es ergibt sich die Formel:

$$\mathbf{n(M_u) = (M_u \cdot c^2)/(r^2 \cdot 2 \cdot \Pi)}$$

Einsetzen der Werte für Jupiter ergibt:

$$\mathbf{n_j(M_u) = ((6{,}6 \bullet 10^{21}\ R.T.'n))/(778300000^2 \bullet 2 \bullet \Pi) = 1726\ R.T.'n}$$

Für die Dichte des Jupiters gilt dann:

$$\mathbf{Dichte\ (Jupiters) = (n_j \bullet 2 \bullet \Pi)^3 = (1726 \bullet 2 \bullet 3{,}14)^3 = 1{,}27 \bullet 10^{12}}$$

Somit ermittelt man für t (benötigte Zeit der Raumteilchen für die Zurücklegung der Strecke zwischen Sonne und Jupiter in Sekunden):

$$\mathbf{t = (((7,3 \bullet 10^{10}\ kg)^3 \bullet (1,55 \bullet 10^{15}))/(1{,}9 \bullet 10^{27}\ kg))^{1/6} = 2612\ s}$$

c Radius „ r “ eines Planeten in unserem Sonnensystem

Der Radius „r“ eines Planeten in unserem Sonnensystem kann nach der folgenden Formel berechnet werden:

$$\mathbf{r_x = (3 \bullet M_x/((n_x^3) \bullet 32 \bullet \Pi^4)^{1/3}},$$

wobei „M_x“ Masse des jeweiligen Planeten ist, n_x die jeweilige Anzahl der Raumteilchen am jeweiligen Raumpunkt und „r_x“ Radius des jeweiligen Planeten.

Die Anzahl der Raumteilchen „n“ für den jeweiligen Raumpunkt wird nach der folgenden Formel berechnet:

$$\mathbf{n = (M_u \bullet c^2)/(r^2 \bullet 2 \bullet \Pi)},$$

wobei M_u gleich der Masse entspricht, die pro Sekunde auf der Sonne in Raumteilchen umgewandelt wird, c^2 gleich $9 \bullet 10^{10}$ die Anzahl der Raumteilchen angibt, die pro umgewandelter Masse entsteht. Das heißt, eine umgewandelte Masse m entspricht genau $9 \bullet 10^{10}$ Raumteilchen. Ferner gibt „r“ die Entfernung zwischen der Sonne und dem Planeten an, und schließlich wird für „Π “ ein Wert von 3,14 zugrundegelegt.

11 Die Zeit und die Geschwindigkeit

a Die Zeit

Die Zeit begann mit der ersten Umwandlung der Materie in das Raumkontinuum (nach der Formel $n_{R.T.} = 1m \cdot c^2$), also in materiellen Raum (= M.R., bis jetzt als Raum bezeichnet), und wird mit der letzten Umwandlung enden. Der Raum ist ein Maß dafür, wie viel Zeit bis jetzt verstrichen ist. Die Umwandlung von Masse in Raum ist genau werdender Zeit, also die Gegenwart, und die noch nicht umgewandelte Materie ist die Zukunft.

Zeit ist demnach der materiell-räumliche Abstand zwischen zwei Raumpunkten. Das heißt, Zeit ist der Raum (= der radiale Abstand) zwischen zwei Raumpunkten. Da der Raum aus Raumteilchen besteht, folgt aus dieser Schlussfolgerung, dass die Zeit als die Menge der Raumteilchen zwischen zwei Raumpunkten stets davon abhängig ist, in welcher Entfernung die jeweils betroffenen Raumpunkte sich zu der Umwandlungsquelle befinden. Also ist die Intensität, sprich die Schnelligkeit des Zeitverlaufs, entfernungsabhängig:

$$\mathbf{t = (M_u/(n \cdot 2 \cdot \Pi))^{1/2}}$$

Demnach vergeht z.B. die Zeit auf dem Merkur schneller als hier auf der Erde, auf dem Jupiter hingegen langsamer.

<u>Beispiel (1)</u>: (Sonne als die Quelle und die Erde bzw. der Raumpunkt bei einer Entfernung von 149600000 km zu der Sonne)

$$\mathbf{t = (4{,}343555168/(2780 \cdot 2 \cdot 3{,}14))^{1/2} = 498{,}67\ Sekunden}$$

<u>Beispiel (2)</u>: (Sonne als die Quelle und Merkur bzw. der Raumpunkt bei einer Entfernung von 57900000 km zu der Sonne)

$$\mathbf{t = (4343555168/(18555 \cdot 2 \cdot 3{,}14))^{1/2} = 193\ Sekunden}$$

Mit der Entfernung ist hier die Entfernung des jeweils untersuchten Raumpunktes zur Quelle der Massenumwandlung gemeint. Nimmt man hierzu die Quelle der Massenumwandlung in Raumteilchen als den Mittelpunkt einer Kugel um eben diese, so ist die Dichte der Raumteilchen bei gleicher Entfernung von der Quelle stets dieselbe.

Daraus folgt, dass die Volumen-Zunahme des Raumes um so geringer ausfällt, je weiter sich der betroffene Raumpunkt von der Quelle befindet. Somit vergeht die Zeit in unmittelbarer Nähe zu der Quelle schneller und umgekehrt langsamer, je mehr man sich von der Quelle entfernt.

b Die Geschwindigkeit

Der skizzierte Umstand hat auch Auswirkungen auf die Geschwindigkeit des betroffenen Objekts im Raum, also in der Zeit. Diesbezüglich ergibt sich die Definition der Geschwindigkeit als Raumteilchen pro Zeiteinheit (bzw. neu entstandenem Raum pro bereits vorhandenem Raum):

$$\mathbf{V = Raumteilchen/Zeit = n_{R.T.}/t}$$

Demnach lässt sich die Geschwindigkeit, mit der ein Objekt um eine Umwandlungsquelle wie z.B. die Sonne rotiert, als die Rate des so neu dazugekommenen Raumes (=M.R.) am jeweiligen Ort definieren. Je mehr R.T.´n, also Raum, also materieller Raum, um so größer ist die Ortsänderung, weil zwischen dem früheren und dem neuen Standpunkt des betroffenen Objekts mehr Raumteilchen, also mehr Raum (also mehr Zeit) getreten ist.

$$\mathbf{((n_1/n_2))^{1/4}}$$

Diese Gleichung gibt das Geschwindigkeitsverhältnis zwischen zwei Planeten (z.B. Erde und Mars) in unserem Sonnensystem an. Dabei steht „n_1“ für die Anzahl der Raumteilchen an dem Raumpunkt, an dem sich der Planet befindet, der räumlich näher zu der Sonne liegt. Im Gegenzug gibt „n_2“ die Raumteilchenanzahl des sich räumlich weiter entfernt zu der Sonne befindlichen Planeten an. Also, wenn „n_1“ die Raumteilchenanzahl bei einer Entfernung von 149600000 km (also für die Erde) und „n_2“ die Raumteilchenanzahl bei einer Entfernung von 227900000 km (also für den Mars) angibt, so gilt:

Beispiel 1: ERDE UND MARS

$$\mathbf{v_1/v_2 = \underline{1,235} = ((n_1/n_2))^{1/4} = ((2780/1195))^{1/4} = \underline{1,235},}$$

wobei $\mathbf{v}_1$ gleich die Geschwindigkeit der Erde um die Sonne (29,79 km/s) und $\mathbf{v}_2$ gleich die Geschwindigkeit des Mars um die Sonne (24,13 km/s) ist.

Die Anzahl der Raumteilchen „n“ wird nun nach der Formel:

$$\mathbf{n = (M_u / (t^2 \cdot 2 \cdot \Pi)}$$

bzw.

$$\mathbf{n = (M_u \cdot c^2)/(r^2 \cdot 2 \cdot \Pi)}$$

bestimmt, wobei t gleich die Zeit ist, die das Sonnenlicht („eigentlich die Raumteilchen“) für die Zurücklegung der Strecke zwischen der Sonne und dem jeweiligen Planeten benötigt, und „ r“ die jeweilige Entfernung zwischen beiden angibt. Für „Π“ wird ein Wert von 3,14 zugrundegelegt, „c^2“ gibt die Anzahl der Raumteilchen pro umgewandelter Masse an und „M_u“ die Masse in kg, die pro Sekunde auf der Sonne in Energie („eigentlich Raumteilchen“), also in Raum umgewandelt wird.

Beispiel 2: VENUS UND JUPITER

$$\mathbf{v_1/v_2 = \underline{2,682} = ((n_1/n_2))^{1/4} = ((5314/103))^{1/4} = \underline{2,682}},$$

wobei $\mathbf{v}_1$ gleich die Geschwindigkeit der Venus um die Sonne (35,03 km/s) und $\mathbf{v}_2$ gleich die Geschwindigkeit des Jupiters um die Sonne (13,06 km/s) ist.

12 Fallbeschleunigung/Ursprung der Bewegung

Ein Körper in unmittelbarer Nähe zur Merkuroberfläche scheint wesentlich langsamer auf selbige zu fallen als hier auf der Erde. Was ist der Grund dieser Beobachtung? Der Grund einer sog. Fallbeschleunigung liegt im Zusammenspiel der Leere mit den Raumteilchen, hängt also von der Dichte der Raumteilchen in der Leere und von der Krümmung des materiellen Raumes ab. Die Dichte und die Krümmung sind zum einen von der Anzahl der Raumteilchen an diesem Raumpunkt und zum anderen von dem Gegenreaktionsvermögen des betroffenen Körpers abhängig. Dabei ist die einzige konstante Größe die Leere. Die in einem bestimmten Zeitintervall im Raum zurückgelegte Strecke, also die materiell-räumliche Strecke, ist dagegen unterschiedlich. Demnach ist die Gravitationskraft der Planeten auf Körper in ihrer Nähe eine Folge der

Dichte der Raumteilchen in der Leere an diesem Raumpunkt. Zu unterscheiden hiervon ist die physikalische Erklärung der sog. Fallbeschleunigung zwischen der der Quelle (z.B. „Sonne“) zugewandten und abgewandten Seite des jeweiligen Körpers. Im Folgenden wird dieser Umstand am Beispiel der beiden Planeten Erde und Merkur erläutert. Die Erde besitzt eine größere Gravitation als Merkur, weil die Dichte der Raumteilchen auf ihrer der Sonne zugewandten Seite geringer ist als beim Merkur. Dieser Umstand ist darauf zurückzuführen, dass die Erde aufgrund ihrer größeren Masse auf die durch die Sonne verursachte Raumwellen-Einwirkung viel stärker reagieren kann. Mit der stärkeren Gegenreaktion der Erde ist das Vermögen der Erde gemeint, mehr Raumwellen als Merkur zu produzieren, weil die Erde mehr Masse hat. Somit treffen in unmittelbarer Nähe der Erdoberfläche entgegengesetzt gerichtete Raumwellen aufeinander, so dass der materielle Raum in diesem Bereich derart verzerrt wird, dass zunächst objektiv die Leere (Licht) sichtbar wird und zum anderen der Abstand zwischen den Raumteilchen, als Grundsteine des M.R.´s, größer wird. Da nun Körper, die sich im M.R. befinden, bei ihrer Fortbewegung von einem Raumelement zum nächsten größere Entfernungen zurückzulegen haben, nimmt auch materiell-räumlich gesehen ihre Geschwindigkeit zu. Eine letzte Folge der Wechselwirkung entgegengesetzter Raumwellen ist die, dass die Krümmung des materiellen Raumes an diesem Ort abnimmt. Da Merkur im Hinblick auf seine Masse auf die Raumwellen-Einwirkung schwächer als die Erde reagiert, also weniger Raumwellen erzeugt, ist auf seiner der Sonne zugewandten Seite die Leere dichter besiedelt. Resultat dieses Umstandes ist, dass der M.R. hier krummer und noch dazu der Abstand zwischen Raumteilchen kleiner ist als hier auf der Erde. Das menschliche Auge sieht also einen Körper in unmittelbarer Merkuroberfläche langsamer auf die Oberfläche fallen als auf der Erde. Diese Beobachtung ist jedoch dahingehend zu korrigieren, dass zwischen der in der Leere und der im M.R. zurückgelegten Strecke streng zu unterscheiden ist, wobei die Leere bzw. die Strecke in der Leere stets eine konstante Größe ist. Dagegen ist die im M.R. zurückgelegte Strecke unterschiedlich, also variabel. Das bedeutet, die in einem bestimmten Zeitintervall durchgelaufene Raumteilchen-Anzahl (=M.R.) ist verschieden. Je mehr Raumteilchen es sind, umso langsamer bewegt sich der jeweilige Körper. Im Gegensatz dazu ist die Geschwindigkeit größer, umso weniger dicht der jeweilige Raumpunkt ausgefüllt ist. Das heißt explizit, dass der Raum (bzw. die R.T.´n) die Körper abbremst. Somit hat die Bewegung ihren Ursprung im Dazukommen neuen Raums bzw. neuer R.T.´n, also einer bereits mit R.T.´n besiedelten Leere. Diese neuen R.T.´n verschieben die bereits vorhandenen R.T.´n in ihrer Ausbreitungsrichtung, um sich einen Platz in der Leere zu sichern. Dies führt dazu, dass dieser Raumbereich so lange, wie die R.W.´n-Einwirkung andauert, gekrümmt und verstaucht wird. Die Konsequenz für Objekte und Körper, die sich in diesem Raumbereich befinden, ist die, dass ihnen, analog zu den um den Atomkern kreisenden Elektronen, Bewegungszustände verliehen werden.

Auf der der Sonne abgewandten Seite des Merkurs dagegen passiert folgendes: Hier treffen sich Raumwellen der Sonne und des Merkurs, die sich in gleicher Richtung ausbreiten. Der betroffene Raumbereich wird nicht verzerrt, sondern im Gegenteil zusammengedrückt. Dieser Umstand ist darauf zurückzuführen, dass die Raumwellen der Sonne und die durch diese hervorgerufenen und von Merkur selbst produzierten Raumwellen den Raum in derselben Richtung krümmen und so den Raum noch dichter machen. Durch diese Krümmung werden dann den Körpern die geschilderten Bewegungszustände verliehen. Da die Erde aufgrund ihrer größeren Masse mehr Raumwellen produziert als Merkur, ist in unmittelbarer Erdoberfläche (also auf der der Sonne abgewandten Seite der Erde) der M.R. viel stärker verstaucht und gekrümmt, so dass den sich in diesem Bereich befindlichen Körpern ein größeres Bewegungsvermögen verliehen wird als denen auf der der Sonne abgewandten Merkuroberfläche.

IV Abhängigkeit des Radius eines Planeten (oder eines beliebigen Objekts) von der Anzahl der Raumteilchen

Im Folgenden wird gezeigt, wie der Radius eines Objekts sich als Funktion der Raumteilchenanzahl am jeweiligen Raumpunkt sowie die Intensität der Raumteilchen als eine Funktion der Entfernung von der Sonne darstellt.

Für alle Planeten (sowie für alle anderen Objekte) um die Sonne (bzw. um eine beliebige Quelle) gilt der folgende Zusammenhang:

$$(\mathbf{M_x/c^2})^{1/3} = \mathbf{d_x \cdot \Pi}$$

bzw.

$$(\mathbf{M_x/c^2}) = (\mathbf{d_x \cdot \Pi})^3$$

→ **MASSE = VOLUMEN = RAUM,**

wobei M_x gleich der Masse des untersuchten Objekts ist, c^2 gleich $9 \cdot 10^{10}$ Raumteilchen und d_x gleich dem Durchmesser des untersuchten Objekts entspricht. Für Π wird ein Wert von 3,14 angenommen.

Diese Gleichung besagt, dass Masse eines Objekts dividiert durch die Raumteilchenzahl am jeweiligen Raumpunkt gleich dem Volumen ist, den dieses Objekt im Raum beansprucht.

Daraus folgt , dass MASSE gleich RAUM ist. Demnach lässt sich die Aussage treffen, dass jede Masse genau einem seiner Masse entsprechenden, also gleich großen Raum identisch bzw. äquivalent ist.

a. Beispiele: (bis zu einer Entfernung von 149600000 km von der Sonne)

ERDE

Masse der Erde = $5{,}976 \cdot 10^{24}$ kg , Durchmesser der Erde = 12756 km, Raumteilchenanzahl pro Masse = $c^2 = 9 \cdot 10^{10}$ Raumteilchen.

$$\mathbf{((5{,}976 \cdot 10^{24} kg / 9 \cdot 10^{10}\ Raumteilchen) = (\Pi \cdot 12756\ km)^3}$$

MERKUR

Masse des Merkurs = $3{,}59 \cdot 10^{23}$ kg , Durchmesser des Merkurs = 4878 km, Raumteilchenanzahl pro Masse = $c^2 = 9 \cdot 10^{10}$ Raumteilchen

$$\mathbf{((3{,}59\ 2 \cdot 10^{23}\ kg / 9 \cdot 10^{10}\ Raumteilchen) = (\Pi \cdot 4878\ km)^3}$$

Bis zu einer Entfernung von $149 \cdot 10^6$ km von der Quelle, also der Sonne, ist die Konstellation so, dass zwischen Masse und Raum ein Gleichgewicht existiert. Ab einer Entfernung von $149 \cdot 10^6$ km ändert sich diese Konstellation zum Nachteil des Raumes, so dass der Raum weniger dicht ist, also weniger neuer Raum dazukommt.

b. Beispiele: (ab einer Entfernung von 149600000 km von der Sonne)

Die oben angegebene Gleichung :

$$\mathbf{(M_x/c^2)^{1/3} = d_x \cdot \Pi}$$

ist daher ab einer Entfernung von 149600000 km von der Sonne wie folgt zu ergänzen:

$$(\mathbf{M_x/c^2})^{1/3} \bullet (\mathbf{n/n_x}) = \mathbf{d_x} \bullet \mathbf{\Pi},$$

wobei M_x = Masse des untersuchten Objekts; $c^2 = 9 \bullet 10^{10}$ Raumteilchen; n = 2780 R.T.´n; n_x = jeweilige Raumteilchenanzahl am jeweiligen Raumpunkt ist, an dem sich das jeweilige Objekt befindet.

JUPITER (mit einer Entfernung von 778300000 km von der Sonne)

Einsetzen der Werte für Jupiter :

$$((1{,}97 \bullet 10^{27}\ \mathbf{kg})/(9 \bullet 10^{10}\ \mathbf{R.T.\acute{}n}))^{1/3} \bullet (2780/1.725) = 143600\ \mathbf{km} \bullet \Pi = 143600\ \mathbf{km} \bullet 3{,}14$$

SATURN (mit einer Entfernung von 1427000000 km von der Sonne)

$$((5{,}69 \bullet 10^{26}\ \mathbf{kg})/(9 \bullet 10^{10}\ \mathbf{R.T.\acute{}n}))^{1/3} \bullet (2780/1385) = 118141\ \mathbf{km} \bullet \Pi = 118141\ \mathbf{km} \bullet 3{,}14$$

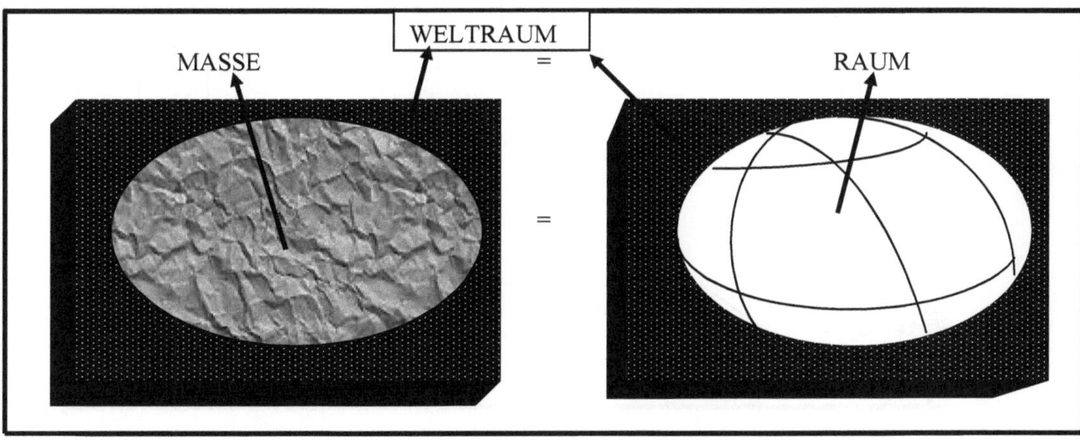

V Über die Relativitätstheorie

Ich behaupte, dass Raum und Zeit entgegen der Schlussfolgerung der Relativitätstheorie keine relativen Größen, sondern NATUR-KONSTANTEN sind.

Gedankenexperiment von A. Einstein

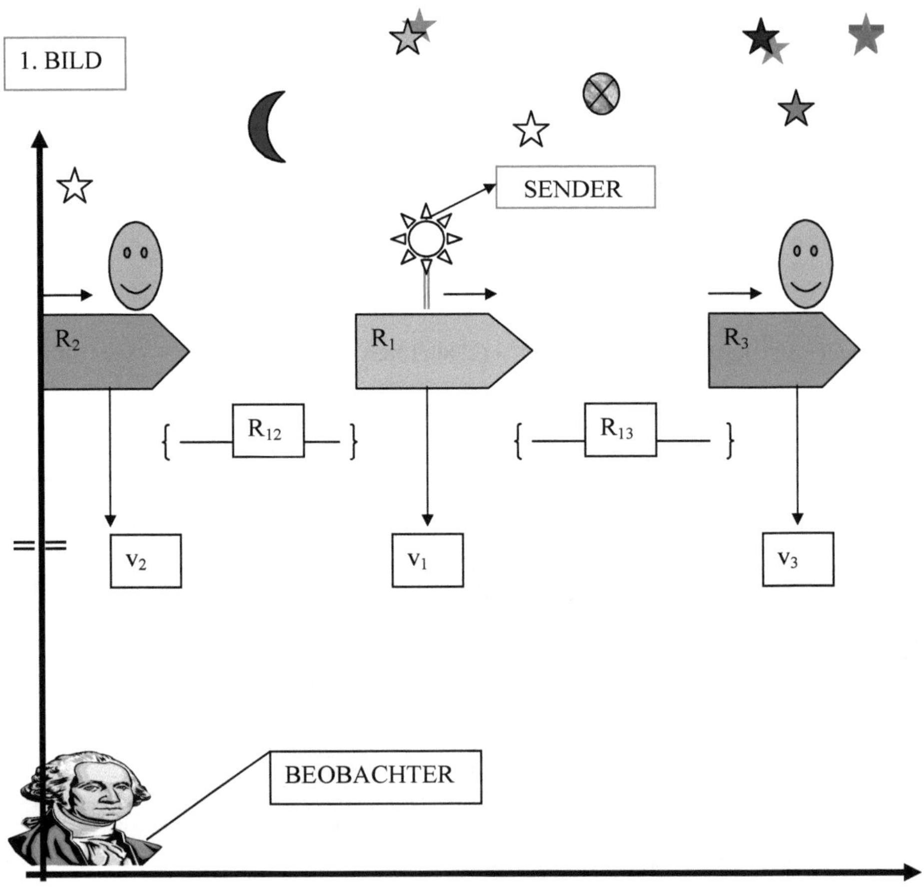

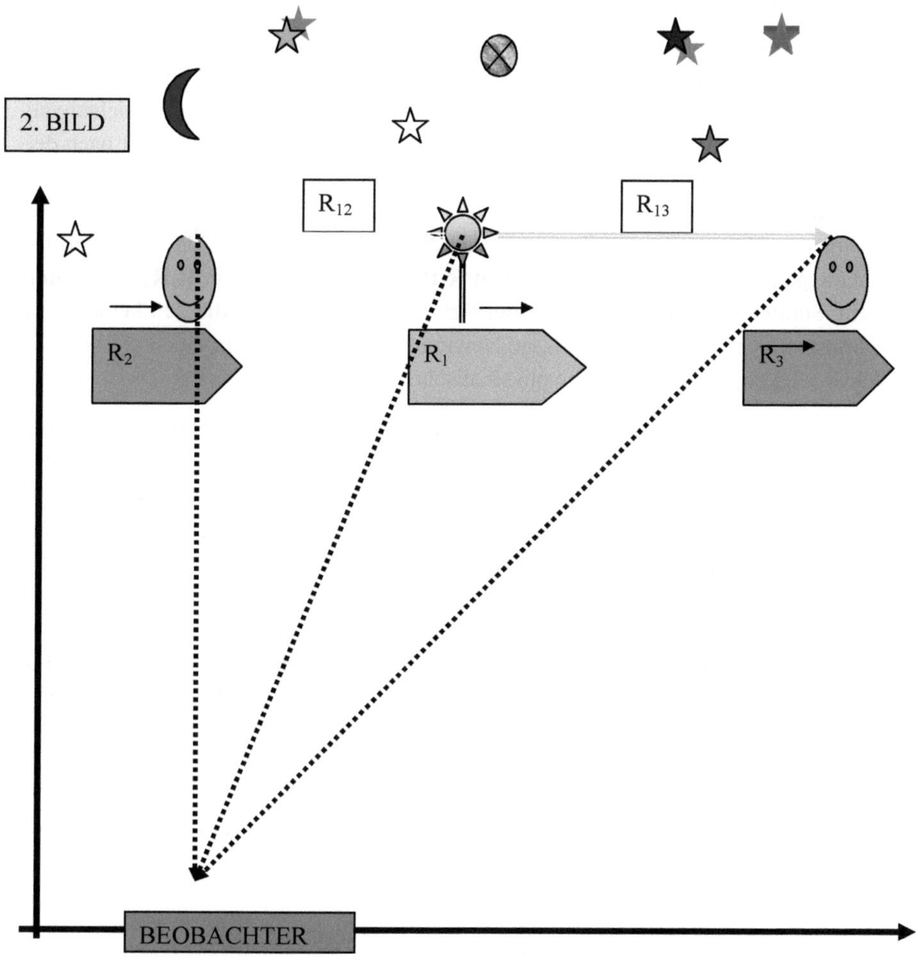

Annahme: R_1, R_2, R_3 seien Raumschiffe, die sich im Weltraum relativ zueinander mit derselben Geschwindigkeit nach rechts bewegen. Irgendwann sendet R_1 ein Lichtsignal. Ein sich relativ zum Bezugssytem der R_1, R_2, R_3 im Ruhezustand befindlicher Beobachter stellt nun also objektiv aus seinem Blickwinkel nach der Relativitätstheorie fest, dass das Lichtsignal R_2 und R_3 gleichzeitig erreicht, trotz der unterschiedlich langen Strecken R_1R_2 und R_1R_3. Verantwortlich ist hierfür nach Einstein die unabhängige, konstante Lichtgeschwindigkeit. Während das Licht sich in allen Raumrichtungen mit der konstanten Geschwindigkeit von 300000 km/h ausbreitet, bewegen sich die Raumschiffe R_2 und R_3 ebenfalls fort. R_2 bewegt sich in Richtung auf das Lichtsignal zu und R_3 dagegen vom Lichtsignal weg, das von R1 abgestrahlt wurde. Somit hat das Lichtsignal zwischen R_1 und R_2 eine kürzere Strecke zu durchlaufen als auf der Strecke R_1R_3. Zu erwarten wäre demnach, dass der Beobachter feststellt, dass das Lichtsignal des R_1 zeitlich R_2 eher erreicht als R_3. Tatsächlich würde aber der Beobachter nach der Relativitätstheorie sehen, dass das Lichtsignal sowohl R_2 als auch R_3, also zwei unterschiedlich von R_1 entfernte Raumschiffe, „gleichzeitig" erreiche. Dieser Umstand wird dann auf das Phänomen einer Dehnung der Zeit zurückgeführt, so dass man zu der Annahme gelangt, dass die Zeit im System **R_1R_2 relativ** zum System **R_1R_3 langsamer** vergeht. Somit schließen die Vertreter der Relativitätstheorie, dass die Zeit keineswegs eine konstante Größe ist (wie von Isaac Newton behauptet), sondern eine Funktion der Geschwindigkeit, also eine relative physikalische Größe.

Einstein hat nun insofern recht, als er aus seinen Grundannahmen richtige Schlussfolgerungen schließt. Unrecht hat er aber insofern, als dass seine Annahmen, bzw. das Vorkommen dieser Annahmen, in der Natur ein nicht gegebener Zustand sind. Einstein beschreibt einen sich im dreidimensionalen Raum abspielenden physikalischen Vorgang und ermittelt daraufhin das Ergebnis, das jedoch auf Messwerten beruht, die auf eindimensionale (bzw. zweidimensionale) Art gemessen wurden. Anders gesagt: Das Gedankenexperiment ist sozusagen dreidimensional aufgebaut, aber die Messung und somit das Ergebnis des Experiments ist nur ein- bzw. zweidimensional. Eine radiale, also eine eindimensionale Bewegung in der Natur, also im Raum, gibt es nicht. Diese gibt es nur in der Mathematik in Form von Vektoren, die die Natur nicht kennt.

Beispiel:

Verschiebung als Vektor „r" = Mathematik (ein- bzw. zweidimensional)

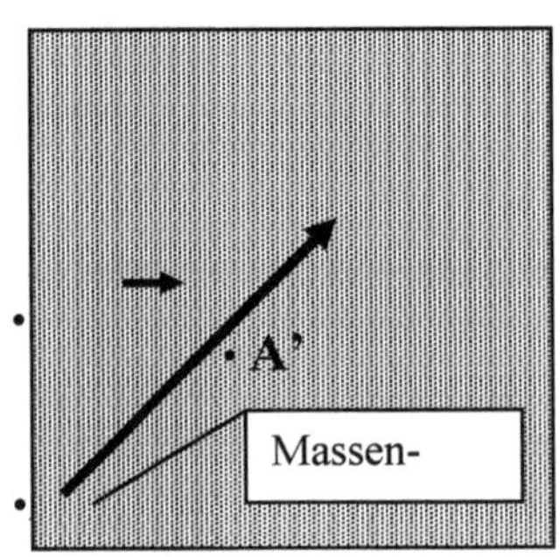

Verschiebung im RAUM (dreidimensional) = die NATUR

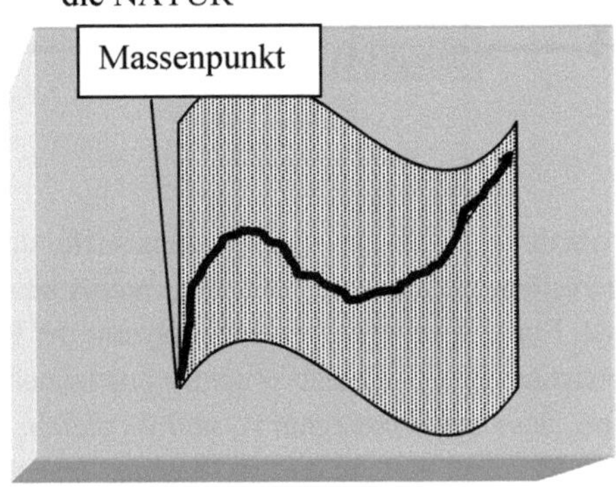

Wenn man nun annimmt, dass der Raum durch das Licht (also durch Raumwellen) gekrümmt und verstaucht ist, wäre das Problem gelöst und die Annahme einer konstanten Lichtgeschwindigkeit sowie die Annahme der Relativität der Zeit entbehrlich. Denn dann würde das Lichtsignal sowohl für R_1 und R_3 die gleiche Strecke zurückgelegt haben. Zu R_2 gelangt es auf einer viel stärker gekrümmten und gestauchten Bahn als zu R_3, wodurch radial(!) gesehen diese Strecke (also die Strecke zwischen R_1 und R_2) kürzer erscheint als die Strecke zwischen R_1 und R_3 (= die objektive Sicht des Beobachters) und das Lichtsignal R_3 dagegen viel später erreicht, weil der Raum hier viel weniger gestaucht und gekrümmt ist. Demzufolge kann das Ergebnis des Gedankenexperiments nicht vektoriell, also eindimensional (bzw. zweidimensional), sondern nur dreidimensional (Integral) ermittelt werden.

Dreidimensional betrachtet enthält sowohl der Raum zwischen R_1R_2 als auch derjenige zwischen R_1R_3 gleich viele Elemente, also Raumelemente (=R.T.´n). Daraus ergibt sich für das Gedankenexperiment, dass das Licht (eigentlich die Raumteilchen) sowohl für die Strecke zwischen R_1 und R_2 als auch für die Strecke zwischen R_1 und R_3 den gleichen Raum (M.R.) zu durchlaufen hat. Die Sichtweise des Beobachters ist daher falsch, da diese die Krümmung und Verstauchung des Raumes nicht berücksichtigt bzw. dieser Umstand mit den bloßen Augen nicht zu erkennen ist.

Das Gedankenexperiment unter Berücksichtigung des Umstandes, dass der Raum (M.R.) durch die Raumwellen gekrümmt und verstaucht wird:

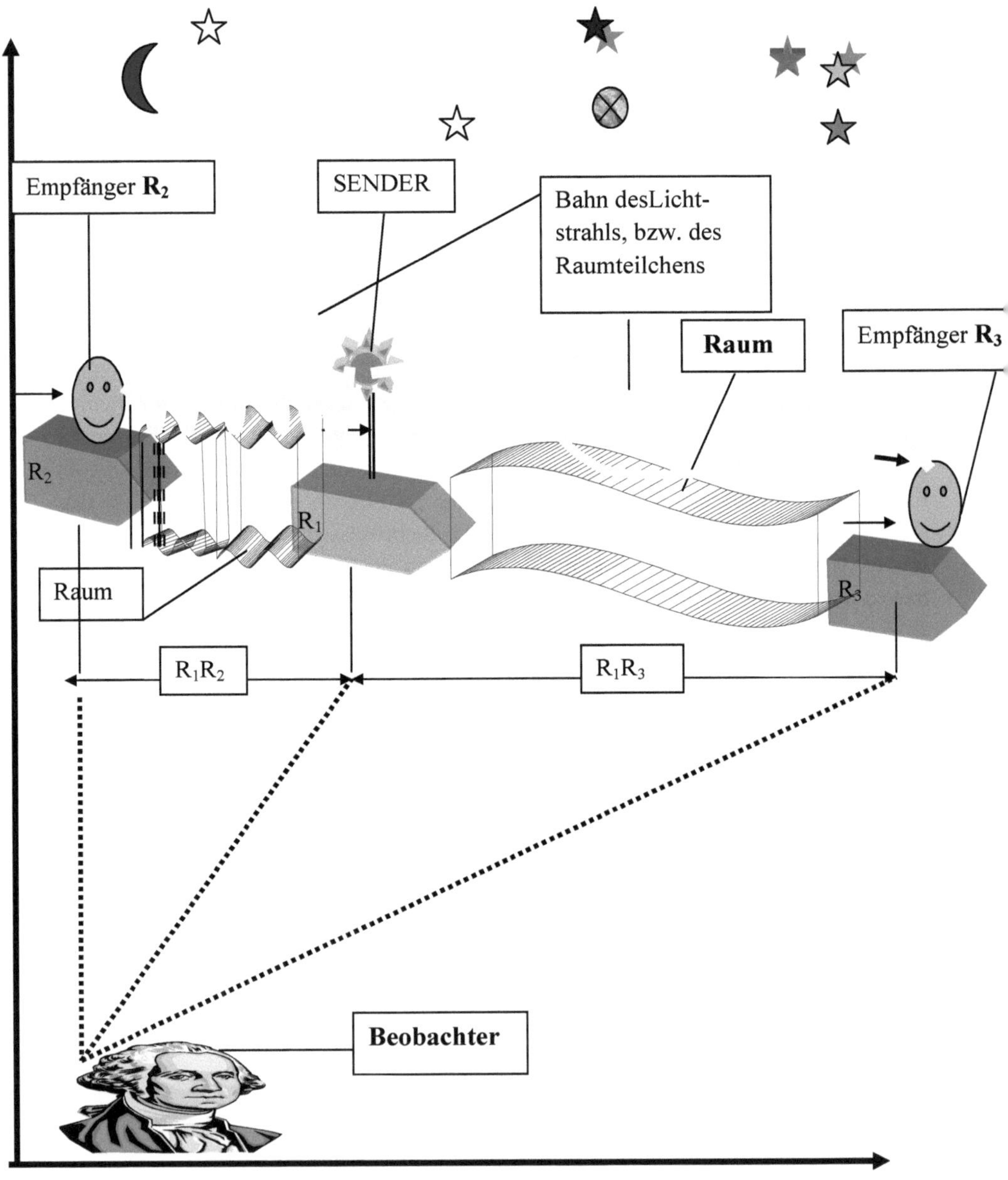

Nicht die Materie, sondern die durch die Umwandlung von Materie in das Raumkontinuum umgewandelten Raumwellen krümmen und verstauchen den Raum (M.R.). Das Lichtsignal entsteht durch Umwandlung von Materie in Raum bzw. Raumteilchen, wodurch Raumwellen entstehen, die sich mit der konstanten Geschwindigkeit von 300000 km/h ausbreiten. Da die anderen beiden Raumschiffe R_2 und R_3 bei ihrer Reise im Raum (M.R.) ebenfalls den Raum bzw. die R.T.´n in ihrer Bewegungsrichtung verstauchen und krümmen, kommt es dazu, dass der Raum zwischen R_2 und R_1 viel mehr gekrümmt und verstaucht ist als der Raum (M.R.) zwischen R_3 und R_1. Räumlich gemessen (und nicht eindimensional!) handelt es sich dabei folgerichtig um gleich große Räume. Das Licht (eigentlich die R.W´n) durchläuft somit sowohl von R_1 zu R_2 als auch von R_1 zu R_3 den gleichen Raum und wird **ohne jegliche zeitliche Verzögerung** gesehen, so dass sowohl R_2 und R_3 aber auch der Beobachter das Lichtsignal wirklich gleichzeitig sehen, also wahrnehmen.

Folglich sind weder der Raum noch die Zeit relativ, sondern konstante physikalische Größen. Relativ ist lediglich die Krümmung und die Verzerrung des Raumes (M.R.´s), also die Dichte desselben.

VI Reise zu anderen Galaxien

Die Höchstgeschwindigkeit, die ein Objekt im materiellen Raum theoretisch erreichen könnte, liegt nach heutiger herrschender Ansicht in der Physik bei 300000km/s. Aufgrund dieser Tatsache scheint es unmöglich zu sein, praktisch zu weit entfernten Galaxien und Orten zu reisen, weil es für einen Sterblichen zu lange Zeit in Anspruch nehmen würde.

Einsteins Annahme einer konstanten Lichtgeschwindigkeit ist daher gleichbedeutend einer Feststellung, die ausschließt, dass wir je die Weiten des Weltraums entdecken, besuchen, sehen können. Sie ist daher entgegen der allgemeinen Auffassung keine gedankliche Revolution, die uns neue Ufer erhoffen lässt. Im Gegenteil nimmt Einstein mit seiner Annahme uns jede Hoffnung, irgendwann die unvorstellbar entfernten Orte unseres Weltraumes je erblicken zu können. In der Akzeptanz der Einstein'schen Annahme liegt eine wissenschaftliche Enttäuschung (vielleicht die Größte!), die die Wissenschaftler erleben mussten. Einstein setzt der Wissenschaft Grenzen, nicht nur technische, sondern auch gedankliche, und nimmt ihr somit das Fundament der geistigen Unabhängigkeit und schöpferischen Freiheit. Eine gedankliche Barriere hat und kann und sollte aber keinen Platz in der Wissenschaft haben, so dass man leider, trotz großen Respekts und großer Sympathie gegenüber dem vielleicht größten Physiker und Denker der Menschheit, die Idee der Relativitätstheorie als das größte Hindernis in der heutigen Physik ansehen muss, das die Weiterentwicklung der Erkenntnisse auf diesem Gebiet sehr stark be- und verhindert.

Im Gegensatz dazu behaupte ich, dass eine Reise zu weit entfernten Orten des Weltraumes durchaus machbar und somit im Bereich des Menschlich-Möglichen ist, wenn das die Reise antretende Objekt, z.B. ein Flugobjekt, in der Lage wäre, aus sich starke Raumwellen zu erzeugen, wodurch ihm die Möglichkeit gegeben wäre, den materiellen Raum in seiner Fahrtrichtung (aber auch in allen Raumrichtungen) derart zu verzerren, dass keine bzw. sehr viel weniger R.T.´n (also Raum) ihm den Weg versperren. Die sich so vor ihm ausbreitende Leere ist, anders als der materielle Raum, nicht gekrümmt. Da das Flugobjekt durch Erzeugung von Raumwellen von hinten nach vorne bewegt wird, kann es sich nun geradlinig in der Leere mit Raumwellengeschwindigkeit (= Lichtgeschwindigkeit) fortbewegen und würde in der gleichen Zeit viel größere Entfernungen zurücklegen, als es im gekrümmten und verstauchten Raum möglich wäre.

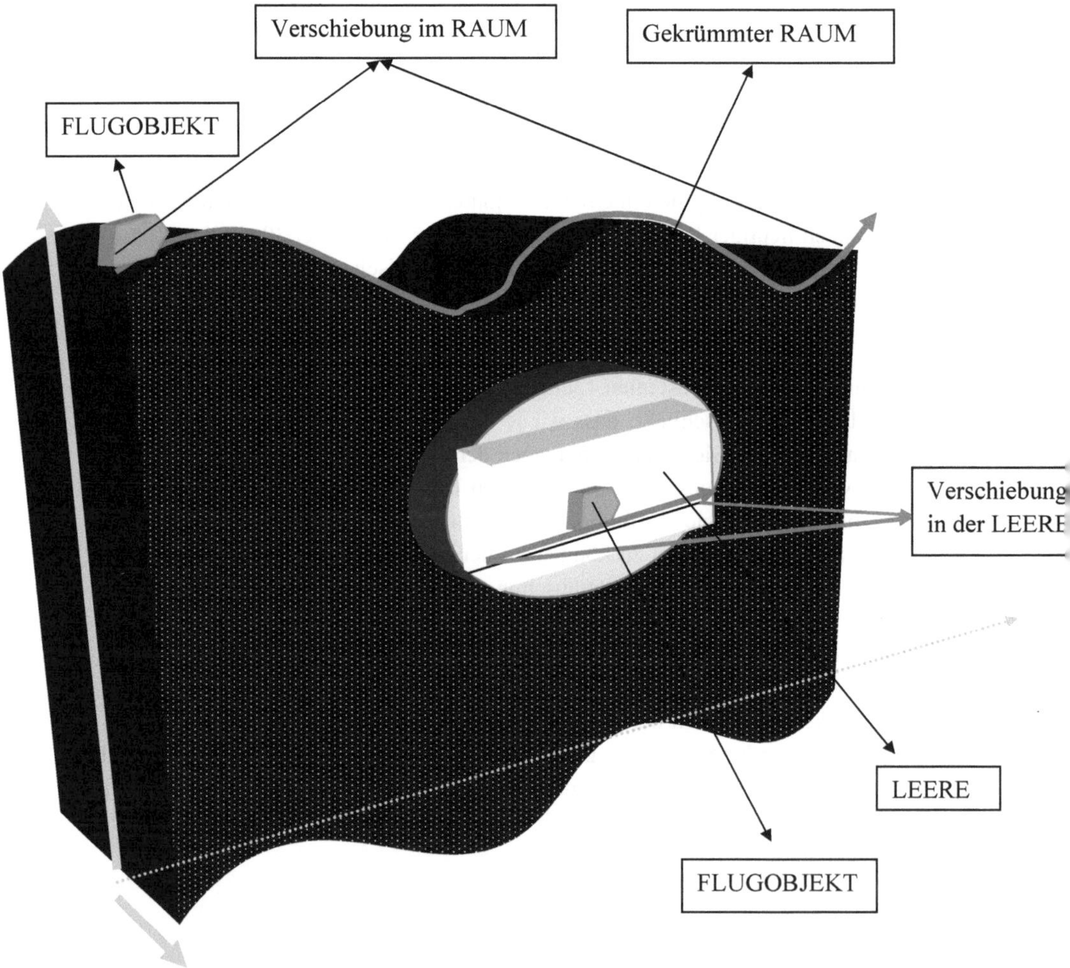

Die Geschwindigkeit, mit der sich ein Objekt im Weltraum fortbewegen kann und wird, hängt also lediglich von der Krümmung des Raumes am jeweiligen Punkt ab. Befinde ich mich einmal in der Leere, so wird meine zurückgelegte Strecke viel größer sein, als es im gekrümmten Raum möglich wäre, weil die Geschwindigkeit eine Funktion der Raumkrümmung ist. Somit ist es durchaus möglich, trotz der konstanten und höchstmöglichen Raumwellen-Geschwindigkeit (bisher als Lichtgeschwindigkeit bezeichnete Geschwindigkeit) von 300000km/s viel größere Entfernungen zurückzulegen, obwohl ich mich mit keiner höheren Geschwindigkeit fortbewege: In der Leere sind die Entfernungen, die ich im Raum innerhalb derselben Zeit zurücklege, weitaus größer als die mit 300000km/s, 600000km/s oder 900000km/s usw. erreichbaren.

Beispiel: MERKUR

Die Bestimmung der Krümmung $\boldsymbol{\theta}$ des Raumes genau an dem Raumpunkt, an dem sich der Merkur befindet, erfolgt nach folgenden Schemata:

Bestimmung der Anzahl der Raumteilchen an diesem Raumpunkt:

$$\mathbf{n_{R.T.} = M_u \cdot c^2/r^2 \cdot 2 = 18555 \rightarrow \theta = 18555/2780 = 6{,}67}$$

θ ist Symbol für die Krümmung des Raumes am jeweiligen Raumpunkt,

r ist die Entfernung zwischen Sonne und Merkur

M_u ist die pro Sekunde auf der Sonne in das Raumkontinuum umgewandelte Masse

c^2 ist gleich $9 \cdot 10^{10}$

$n_{R.T.}$ gibt die Anzahl der Raumteilchen am jeweiligen Raumpunkt an

2780 ist die Referenz-Raumteilchen-Anzahl

Somit ist der Raum an diesem Punkt genau um einen Faktor von 6,67 gekrümmt. Diese Krümmung hat folglich die Auswirkung, dass ein gerade in diesem Feld befindlicher und sich mit einer Geschwindigkeit von 300000km/s fortbewegender Reisender, dem es z.B., wie oben geschildert, möglich ist, sich parallel zu diesem Raum in der Leere fortzubewegen, genau die 6,67-fache Strecke zurücklegt.

Die in der Leere innerhalb einer Sekunde zurückgelegte Strecke (= 300000 km) entspricht somit im Raum einer Strecke von 6,67 • 300000 km = 2001000 km.

VII Ur-Materie

Am Anfang, also vor der Zeit, war eine Bewegung nicht möglich, da es keinen Raum gab. Es gab keine Elektronen oder ähnliche sich bewegende Teilchen, da die Materie noch keine Eigenschaften in dem Sinne hatte, die wir heute kennen. Die Materie existierte in einer uns fremden Art, in ihrer Ur-Form, und war so dicht, dass sie schwärzer als das uns bekannte Schwärzeste war. Sie bestand nicht aus Atomen, Molekülen und sich um das Atomkern bewegenden Elektronen, sondern in einem Ganzen und unbeweglich. Irgendwann erreichte diese Ur-Materie eine solch hohe Dichte, dass die kritische Grenze erreicht war, der zur Verfügung stehende Raum durch die zudringende Materie immer knapper wurde, bis es explodierte.

Nun begann die Zeit zu ticken... bis zur Umwandlung der letzten Materie. Danach folgte eine Zurückentwicklung, also die Umwandlung von Raum in Materie. Die Zeit tickte nun in die entgegengesetzte Richtung, da ab dem Zeitpunkt, ab dem es keine umzuwandelnde Materie mehr gab, auch keine Antriebskraft mehr vorhanden war, die die Raumteilchen weiter in die Leere schieben konnte. Im Gegenteil, die Raumteilchen fielen zurück, wo dann der Raum, bestehend aus R.T.´n, sich in seine Ur-Form, also in die Ur-Materie zurückwandelte, bis die kritische Grenze erneut erreicht war und alles von Neuem noch einmal begann.

Schwarze Löcher stellen einen solchen Zustand dar. Entgegen der allgemeinen Auffassung werden Objekte, Strahlen (z.B. Licht) u.s.w. nicht vom schwarzen Loch geschluckt, sondern der Raum ist dort viel stärker gekrümmt und somit dichter, da insgesamt in ihrer Nähe weniger Raum vorhanden ist. Da die Atomkerne von Elektronen in einem bestimmten räumlichen Abstand umrundet werden, wird auch dieser Raum kleiner, also auch der Abstand zwischen Atomen und Molekülen. Somit werden Objekte und alles andere in der Nähe der schwarzen Löcher immer kleiner und schwerer, je mehr sie sich den schwarzen Löchern nähern. Es findet in diesen Bereichen des Raumes ein entgegengesetzter Prozess statt, nämlich Raum wird in Masse umgewandelt.

Daraus folgt, dass Materie nicht der Ur-Materie gleich ist. Materie, wie sie uns bekannt ist, besteht aus Teilchen der Ur-Materie, die zueinander in bestimmtem räumlichem Verhältnis stehen.

Die Ur-Materie dagegen enthält in sich kein Raumkontinuum. Das heißt, ein Atom ist ein Materieteilchen, weil zwischen Elektron und dem Atomkern ein materiell-räumlicher Abstand existiert. Dagegen handelt es sich um Ur-Materie, wenn das Elektron und der Atomkern aneinander so dicht gebunden sind, dass zwischen ihnen kein räumlicher Abstand mehr existiert.

$$\text{Ur-Materie} = (\text{Materieller Raum}) - (\text{Raum})$$

VIII Wichtige Beziehungen/Fundamentale Erkenntnisse

1 Geschwindigkeitsverhältnis

$$v_1 / v_2 = ((n_1 / n_2))^{1/4}$$

Diese Gleichung gibt das Geschwindigkeitsverhältnis zwischen zwei Planeten (z.B. Merkur und Erde) an. Dabei bezeichnet „n_1" die Anzahl der Raumteilchen an dem Raumpunkt, an dem sich der Planet befindet, der der Sonne räumlich näher steht. Also, wenn „r" der Abstand zwischen Sonne und den jeweiligen Planeten ist, so gilt $((n_1/n_2))^{1/4}$ genau dann, wenn r_1 kleiner r_2 ist. v_1 gibt dabei die mittlere Bahngeschwindigkeit in km/s des räumlich der Sonne näheren Planeten an und v_2 die des räumlich entfernteren Planeten.

PLANET	Mittlere Bahngeschwindigkeit in km/s	Mittlere Entfernung von der Sonne in 10^6 km	n = Raumteilchenanzahl am jeweiligen Raumpunkt pro Umwandlung, eine Umwandlung = (4.343.555.168 kg • c^2)
Merkur	47,8	57,9	18558,8
Venus	35,03	108,2	5314,4
Erde	29,79	149,6	2780
Mars	24,13	227,9	1197,9
Jupiter	13,06	778,3	102,7
Saturn	9,64	1427	30,6
Uranus	6,81	2869,6	7,56
Neptun	5,43	4496,7	3,08
Pluto	4,74	5900	1,79

n wird nach der Formel

$$n = (M_u)/(t^2 \cdot 2 \cdot \Pi)$$

bzw.

$$\mathbf{n = (M_u \cdot c^2)/(r^2 \cdot 2 \cdot \Pi)}$$

bestimmt.

Beispiele:

MERKUR UND ERDE

$$\mathbf{v_1 / v_2 = 47{,}8/29{,}79 = ((n_1/n_2))^{1/4} = ((18558{,}8/2780))^{1/4} = 1{,}60}$$

VENUS UND MARS

$$\mathbf{v_1 / v_2 = 35{,}03/24{,}13 = ((n_1/n_2))^{1/4} = ((5314{,}4/1197{,}9))^{1/4} = 1{,}45}$$

JUPITER UND URANUS

$$\mathbf{v_1 / v_2 = 13{,}06/6{,}81 = ((n_1/n_2))^{1/4} = ((102{,}7/7{,}56\ ))^{1/4} = 1{,}92}$$

2 Umlauf-Zeit-Verhältnis der Planeten um die Quelle (Sonne)

$$\mathbf{((n_1/n_2))^{3/4}}$$

Umlaufzeit: = U_T

Diese Gleichung gibt das Umlaufzeitverhältnis zwischen zwei Planeten (z.B. Merkur und Erde) um die Sonne an. Dabei bezeichnet „n_1“ die Anzahl der Raumteilchen an dem Raumpunkt, an dem sich der Planet befindet, der räumlich der Sonne näher steht. Also, wenn „r“ der Abstand zwischen der Sonne und den jeweiligen Planeten ist, so gilt $((n_1/n_2))^{1/4}$ genau dann, wenn r_1 kleiner r_2 ist. $\mathbf{U_{T1}}$ gibt dabei die Umlaufzeit in Tagen des räumlich der Sonne näheren Planeten an und $\mathbf{U_{T2}}$ die des räumlich entfernteren Planeten.

Beispiele:

MERKUR UND ERDE

$$U_{T2}/\,U_{T1} = 365{,}6/88{,}09 = ((n_1/n_2))^{3/4} = ((18558{,}8/2780))^{3/4} = 4{,}15$$

VENUS UND MARS

$$U_{T2}/\,U_{T1} = 686{,}84/224{,}62 = ((n_1/n_2))^{3/4} = ((5314{,}4/1197{,}9))^{3/4} = 3{,}06$$

JUPITER UND URANUS

$$U_{T2}/\,U_{T1} = 30643{,}64/4333{,}81 = ((n_1/n_2))^{3/4} = ((102{,}7/7{,}56))^{3/4} = 7{,}07$$

3 Entfernungsverhältnis zwischen den Planeten zu der Quelle (Sonne)

$$((n_1/n_2))^{1/2}$$

Diese Gleichung gibt das Entfernungsverhältnis zwischen zwei Planeten (z.B. Merkur und Erde) von der Sonne an. Dabei bezeichnet „n_1" die Anzahl der Raumteilchen an dem Raumpunkt, an dem sich der Planet befindet, der räumlich der Sonne näher steht. Also, wenn „r" den Abstand zwischen Sonne und den jeweiligen Planeten ist, so gilt $((n_1/n_2))^{1/4}$ genau dann, wenn r_1 kleiner r_2 ist. r_1 gibt dabei die Entfernung in km des räumlich der Sonne näheren Planeten an und r_2 die des räumlich entfernteren Planeten.

Beispiele:

MERKUR UND ERDE

$$r_2\,/\,r_1 = 149600000/57900000 = ((n_1/n_2))^{1/2} = ((18558{,}8/2780))^{1/2} = 2{,}58$$

VENUS UND MARS

$$r_2 / r_1 = 227900000/108200000 = ((n_1/n_2))^{1/2} = ((5314{,}4/1197{,}9))^{1/2} = 2{,}10$$

JUPITER UND URANUS

$$r_2 / r_1 = 2869600000/778300000 = ((n_1/n_2))^{1/2} = ((102{,}7/7{,}56))^{1/2} = 3{,}69$$

IX Raumteilchen, Masse, Dichte, Volumen, Leere Verhältnis

Es gilt (für alle Planeten) der folgende Zusammenhang (bis zur einer Entfernung von 149600000 km von der Sonne):

$$(M_x/V_x)^{1/3} = (n_x \cdot 2 \cdot \Pi),$$

wobei hier folgender Umstand zu berücksichtigen ist, dass bis zu einer Entfernung von 149600000 km von der Sonne eine Umwandlung für die Füllung der Leere mit den Raumteilchen ausreichend ist (weil 4343555168 kg in Raum umgewandelte Masse genau einem Raum mit dem Radius 149600000 km entsprechen), da die Leere maximal mit 2780 Raumteilchen besetzt werden kann. Daraus folgt ab einer Entfernung von 149600000 km, dass mehr als eine Umwandlung erforderlich ist. Wie viele Umwandlungen ab einer Entfernung von 149600000 km erforderlich sind, bestimmt sich nach der folgenden Formel:

$$M_u = ((2 \cdot M_x)^{1/3} \cdot (t_x)^2)/d_x,$$

wobei M_u gleich die erforderliche Masse ist, die auf der Sonne umgewandelt werden müsste, M_x gleich Masse des jeweiligen Objekts und t_x gleich die erforderliche Zeit, die die Raumteilchen (Raumteilchen breiten sich mit 300000 km/s aus) für die Zurücklegung der Entfernung zwischen der Sonne und dem jeweiligen Objekt benötigen, und d_x gibt den Durchmesser des jeweiligen Objekts an.

Dividiert man die nach dieser Formel ermittelte M_u durch 4343555168 kg, so erhält man die erforderliche Anzahl der Umwandlungen.

Ferner kann nun mit dem errechneten Wert für M_u der Wert für die spezielle Raumteilchenanzahl $n(M_u)$ nach der folgenden Formel

$$\mathbf{n(M_u) = (M_u \cdot c^2)/(r^2 \cdot 2 \cdot \Pi)}$$

berechnet werden.

Beispiel bis zu einer Entfernung von 149600000 km von der Sonne:

Beispiel: Volumen der Erde = V_e; Masse der Erde= M_e; Dichte der Erde = d_e

$$\mathbf{(M_e/V_e)^{1/3} = (2780 \cdot 2 \cdot \Pi), \text{ wobei } 2780 = (M_u \cdot c^2)/(149600000^2 \cdot 2 \cdot \Pi)}$$

$\rightarrow$ $d_e = (2780 \cdot 2 \cdot \pi)^3$, wobei M_u = Masse ist, die in einer Sekunde auf der Sonne in Raumteilchen umgewandelt wird.

Dieses Verhältnis ist sowohl für Merkur und Venus gleich, also n = 2780.

Ab einer Entfernung von etwa 149600000 km zu der Sonne ändert sich diese Konstellation wie oben angesprochen insofern, als die erforderliche Umwandlungszahl zu berücksichtigen ist. Da eine einzige Umwandlung radial gesehen exakt 149600000 km entspricht, ist ab dieser Entfernung mehr als eine Umwandlung erforderlich, weil eine Umwandlung von 4343555168 kg, die auf der Sonne in Raum umgewandelt wird, exakt 149600000 km entspricht. So gilt z.B. für Jupiter, dass genau 16,8 Umwandlungen, also 16,8 mal $(3{,}9 \cdot 10^{20})$ erforderlich sind. Wie viele Umwandlungen im Spezialfall erforderlich sind, kann nach folgender Vorgehensweise ermittelt werden:

$$\mathbf{M_u = ((2 \cdot M_x)^{1/3} \cdot t^2)/d_x,}$$

wobei M_u die auf der Sonne umgewandelte Masse angibt, die erforderlich ist, um die Leere zwischen Sonne und dem jeweiligen Planeten mit den Raumteilchen zu füllen. M_x ist die Masse des jeweiligen Planeten, t^2 gibt die erforderliche Zeit an, die die Raumteilchen von der Sonne bis zum jeweiligen Raumpunkt benötigen, und schließlich gibt d_x den Durchmesser des jeweiligen Planeten an.

Beispiele:

ERDE

$$\mathbf{M_u = ((2 \cdot 5{,}976 \cdot 10^{24}\,kg))^{1/3} \cdot (498{,}67\,s)^2)/12756\,km = 4343555168\,kg}$$

JUPITER

$$\mathbf{M_u = ((2 \cdot 1{,}90 \cdot 10^{27}\,kg))^{1/3} \cdot (2594{,}33\,s)^2)/143600\,km = 7{,}31 \cdot 10^{10}\,kg}$$

$$\mathbf{\rightarrow 7{,}31 \cdot 10^{10}\,kg/4343555168\,kg = 16{,}84,}$$

das heißt, es sind genau 16,84 Umwandlungen erforderlich. Setzt man diese Werte in folgende Gleichung ein:

$$\mathbf{n = (M_u \cdot c^2)/(r^2 \cdot 2 \cdot \Pi),}$$

so erhält man für den Wert **n** (für Jupiter):

$$\mathbf{n = ((7{,}31 \cdot 10^{10}\,kg) \cdot c^2)/((778300000^2 \cdot 2 \cdot \Pi)) = 1728{,}57}$$

Das ist gerade die Dichte des Jupiters $(1728{,}57 \cdot 2 \cdot \Pi\,)^3$, denn die Masse des Jupiters dividiert durch das Volumen des Jupiters ergibt:

$$\mathbf{(M_j/V_j\,) = (1{,}90 \cdot 10^{27}\,kg/1{,}55 \cdot 10^{15}\,km^3) = (1728{,}57 \cdot 2 \cdot \Pi)^3}$$

778300000

→ „Demnach ist die Dichte der Planeten eine Funktion der Entfernung zu der Sonne und steht im direkten Zusammenhang mit der Dichte der Raumteilchen an dem Raumpunkt, an dem sich der jeweilige Planeten befindet.“

Ferner ist aus diesem Zusammenhang abzuleiten, dass eine Masse bis zu einer Entfernung von 149600000 km von der Sonne genau $9 \cdot 10^{10}$ R.T.´n entspricht. Diese Konstellation ist keineswegs eine konstante Größe. $9 \cdot 10^{10}$ R.T.´n, also c^2 hängt davon ab, wie viele Raumteilchen (=R.T.´n) am jeweiligen Raumpunkt anfallen, und diese variable Größe c^2 bestimmt, aus wie vielen Raumteilchen eine einzige Masse zu bestehen hat.

Eine Erdmasse besteht genau aus $(((2780^3) \cdot (4\,\Pi))/3) = 9 \cdot 10^{10}$ R.T.´n. Bis zu einer Entfernung von 149600000 km von der Sonne gilt diese Konstellation.

Ab einer Entfernung von 149600000 km von der Sonne ändert sich diese Konstellation, so dass z.B. für Jupiter pro Masse $(((1725^3) \cdot (4\,\Pi))/3) = 2{,}2 \cdot 10^{10}$ R.T.´n anfallen. Wie viele Raumteilchen pro Masse am jeweiligen Raumpunkt anfallen, kann nach folgender Formel bestimmt werden:

$$\mathbf{c^2(M_u; t) = ((M_u/t^2 \cdot 2 \cdot \Pi))^3 \cdot (4 \cdot \Pi/3)}$$

bzw.

$$\mathbf{c^2(n(M_u)) = (n(M_u))^3 \cdot (4 \cdot \Pi/3),}$$

also zusammengefasst:

$$\mathbf{c^2 = (n)^3 \cdot (4 \cdot \Pi/3)}$$

Weiter gilt:

$$\mathbf{(d_x \cdot \Pi)^3 \cdot c^2(n\,(M_u)))/M_x = 1}$$

Das heißt, Raum, den ein Objekt (Planet) einnimmt, multipliziert mit der jeweiligen Anzahl der Raumteilchen pro Masse „c^2" ist gleich der Masse des jeweiligen Objekts.

Ferner gilt für das Volumen des jeweiligen Planeten:

$$\mathbf{V_x = (M_x \cdot t_x^6)/(M_u)^3}$$

bzw.

$$V_x = ((d \cdot \Pi)^3 \cdot c^2(n\,(M_u))/(n \cdot 2 \cdot \Pi)^3,$$

wobei V_x = Volumen des jeweiligen Planeten ist; M_x = Masse des jeweiligen Planeten; t = Zeit, die die Raumteilchen (bis jetzt als Licht bezeichnet) benötigen, um von der Sonne beim jeweiligen Planeten anzukommen; (M_u) = die benötigte Masse ist, die umgewandelt werden muss, und n die spezielle Raumteilchenanzahl am jeweiligen Raumpunkt, an dem sich das jeweilige Objekt befindet.

Die erforderliche Masse kann nach folgender Formel berechnet werden:

$$M_u = ((2 \cdot M_x)^{1/3}/\cdot (t_x)^2)/d_x$$

X Licht, Farben

Die Materie ist in der Natur in unterschiedlichen Formen vorgegeben. Der Unterschied einer Materie von einer anderen Materie ist der, dass ihre atomare Zusammensetzung verschieden ist, so dass die eine mehr oder weniger Elektronen, Protonen oder Neutronen hat als die andere.

Ein Objekt als ein System einer bestimmten materiellen Zusammensetzung, das einer Raumwellen-Einwirkung ausgesetzt ist, reagiert als Folge der Krümmung des Raumes mit Beschleunigung seiner bestehenden Elektronen. Somit reagiert jedes Materie-System entsprechend seiner atomaren Zusammensetzung in einer gerade ihm speziellen Art und Weise. Diese Reaktion besteht darin, dass das jeweilige Materie-System, das einer Raumwellen-Einwirkung ausgesetzt ist, anfängt, selbst Raumwellen zu produzieren. Diese Raumwellen sind entgegengesetzt zu der der Raumwellen-Quelle zugewandten Seite gerichtet, und auf der der Quelle abgewandten Seite haben sie die gleiche Richtung wie die der einwirkenden Raumwellen.

Demnach bestimmt die jeweilige materielle Zusammensetzung des Objekts, wie dieses Materie-System auf eine Raumwellen-Einwirkung reagiert, d.h. mit welcher Intensität das Materie-System auch selbst Raumwellen erzeugen wird. Insofern lässt sich die Farbe als das Verhältnis der entgegengesetzt gerichteten Raumwellen am jeweiligen Raumpunkt definieren. Somit ist festzustellen, dass die Farbe ein Maß dafür, ist wie stark bzw. schwach der betroffene Raumbereich aufgrund der Einwirkung entgegengesetzt gerichteter Raumwellen verzerrt wird. Entsprechend dieser Intensität bestimmt sich, welche Farbe nun beobachtet wird. Nimmt die Dichte des materiellen Raumes ab, so wird es uns möglich, die Leere hinter diesem zu sehen. Je mehr entgegengesetzte Raumwellen am jeweiligen Raumpunkt sind, desto mehr wird die Leere sichtbar (LICHT = LEERE). Also ist die Farbe des Lichtes, dass einen verzerrten Zustand des materiellen Raumes darstellt, gleichzeitig ein Hinweis darauf, wie die betreffenden Objekte materiell zusammengesetzt sind bzw. wie ihre atomare Struktur aufgebaut ist.

RAUM ist gleich MASSE: R = M